普通高等院校工程图学类规划教材

工程制图习题集

张大庆　田风奇　赵红英　宋立琴　主编

清华大学出版社
北京

内 容 简 介

本书是《工程制图》教材的配套习题集，与相应教材配合使用。本习题集共有10章，内容涉及制图基本知识、点线面的投影、立体的投影、组合体、轴测图、机件的常用表达方法、标准件与常用件、零件图、装配图、建筑工程图基础。

本习题集适用于本科和大专院校的非机械类各专业使用，也可以作为高等职业教育用书或自学者参考用书。

版权所有，侵权必究。举报：010-62782989，beiqinquan@tup.tsinghua.edu.cn。

图书在版编目(CIP)数据

工程制图习题集/张大庆等主编.—北京：清华大学出版社，2015(2024.8 重印)
(普通高等院校工程图学类规划教材)
ISBN 978-7-302-41596-1

Ⅰ.①工… Ⅱ.①张… Ⅲ.①工程制图－高等学校－习题集 Ⅳ.①TB23-44

中国版本图书馆 CIP 数据核字(2015)第 218505 号

责任编辑：杨　倩
封面设计：傅瑞学
责任校对：刘玉霞
责任印制：宋　林

出版发行：清华大学出版社
网　　址：https://www.tup.com.cn，https://www.wqxuetang.com
地　　址：北京清华大学学研大厦 A 座
邮　编：100084
社 总 机：010-83470000
邮　购：010-62786544
投稿与读者服务：010-62776969，c-service@tup.tsinghua.edu.cn
质量反馈：010-62772015，zhiliang@tup.tsinghua.edu.cn

印 装 者：天津安泰印刷有限公司
经　　销：全国新华书店
开　　本：370mm×260mm　　印　张：7　　字　数：149 千字
版　　次：2015 年 9 月第 1 版　　印　次：2024 年 8 月第11次印刷
定　　价：24.00元

产品编号：062723-02

前 言

本书是与相应教材《工程制图》配套使用的习题集,其内容、侧重点、章节的顺序安排与教材相辅相成,重点内容、习题数量都与相应教材保持一致。内容重在工程实践能力的培养,并兼顾创新意识和表达能力的培养。

本书习题数量、难度适中,以基本知识题为主,综合练习题为辅。

本习题集凝聚了华北电力大学机械系工程图学教研室全体教师的心血,是多年教学经验的体现。参与本习题集编写的有:张大庆、田风奇、赵红英、宋立琴、苑素玲、朱晓光、汤敬秋、张英杰、绳晓玲。

书中存有的疏漏和不妥之处,敬请广大读者指正。

目 录

第1章 制图基本知识和技能 1

第2章 点、直线和平面的投影 5

第3章 立体的投影 9

第4章 组合体 15

第5章 轴测图 22

第6章 机件的常用表达方法 24

第7章 标准件与常用件 32

第8章 零件图 37

第9章 装配图 42

第10章 建筑工程图基础 44

第1章 制图基本知识和技能（一）　　　　班级　　　姓名　　　审核　　1

1-1 字体练习。

(1) 长仿宋体汉字练习。

机械制图大学院系专业班级学号

基础投影零件装配轴测技术要求

设计审核比例材料数量共第张组合体机械

剖视尺寸计算机辅助绘图球阀粗糙度螺纹

齿轮键销标准技术要求电信自动化管物数姓名成绩

(2) 字母及数字练习。

ABCDEFGHIJKLMNOPQRSTUVWXYZ

abcdefghijklmnopqrstuvwxyz

0123456789　0123456789　0123456789

ⅠⅡⅢⅣⅤⅥⅦⅧⅨⅩ α β γ δ θ λ π φ

| 第1章 制图基本知识和技能（二） | 班级 | 姓名 | 审核 | 2 |

1-2 图纸练习。

(1) 在指定位置画出下面的图形。

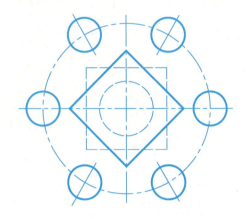

1-3 尺寸注法练习(尺寸数值从图中量取，取整数)。

(1) 标注尺寸数字和箭头。

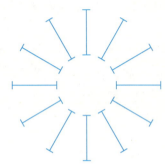

(4) 标注半径尺寸。

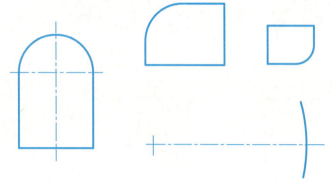

1-4 在指定位置，按1:2的比例画出下列图形。

(1)

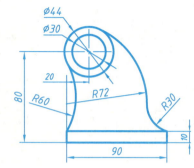

(2) 标注角度尺寸数值。

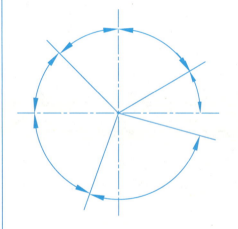

(5) 标注尺寸数字和箭头。

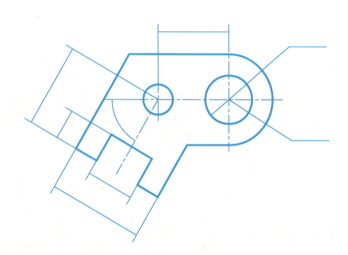

(3) 标注直径尺寸。

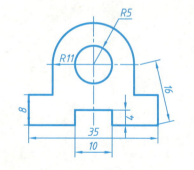

(6) 找出下面左图中标注错误之处，并在右图中正确标注。

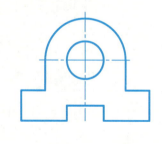

(2) 补全剩余剖面线。

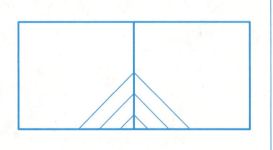

(2)

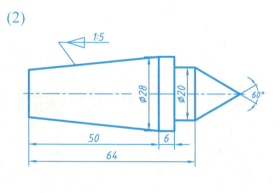

| 第1章　制图基本知识和技能（三） | 班级　　　姓名　　　审核 | 3 |

1-5 标注下列常见平面图形的尺寸（尺寸数值从图中量取，取整数）。

(1)

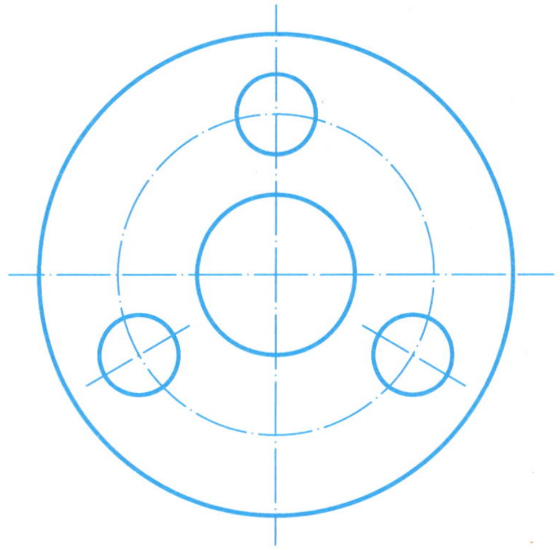

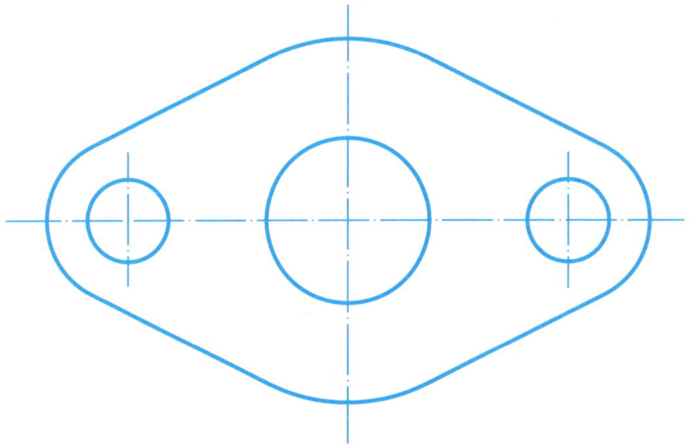

(3)

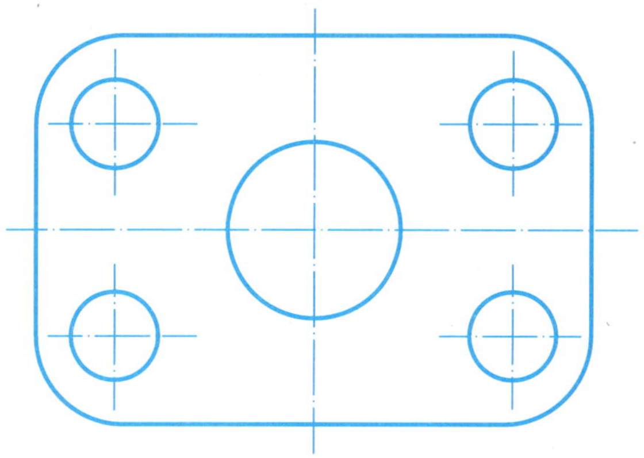

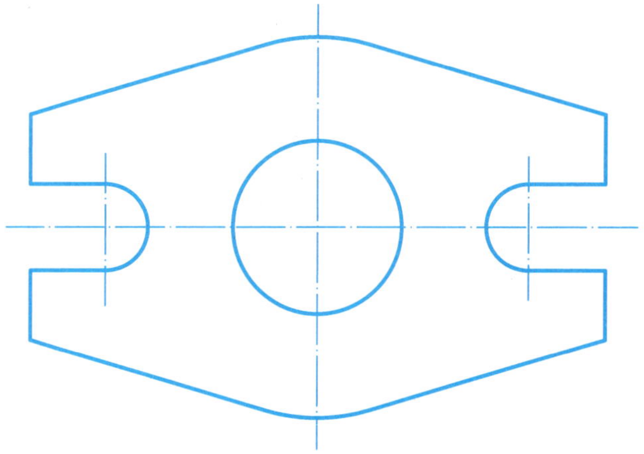

(5)

(2)

(4)

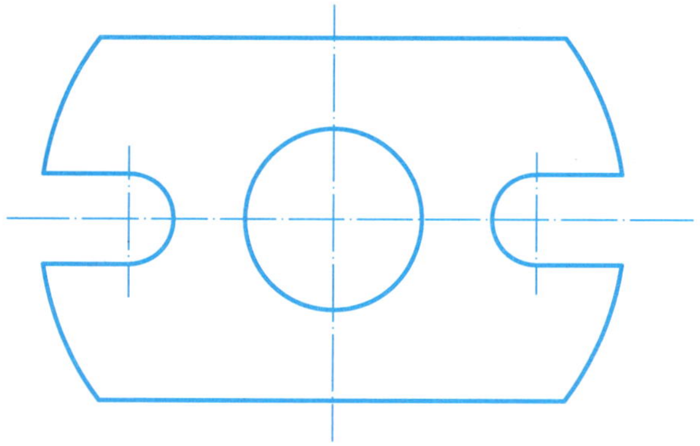

(6)

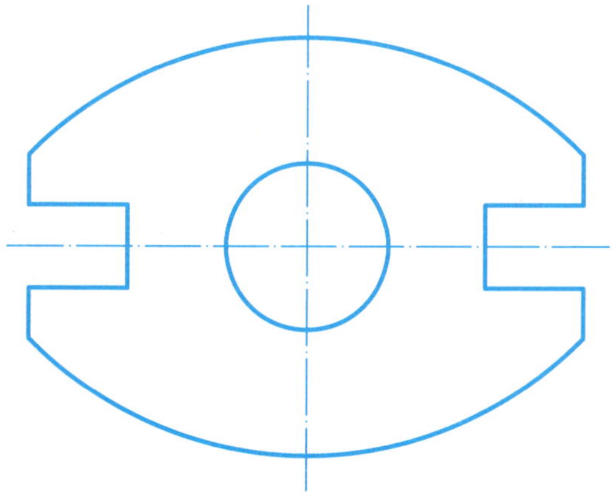

| 第1章 制图基本知识和技能（四） | 班级 | 姓名 | 审核 | 4 |

1-6 平面图形作图练习(要求：把下面图形按1:1的比例画在A3幅面的图纸上，并标注尺寸。图名：几何作图)。

(1)

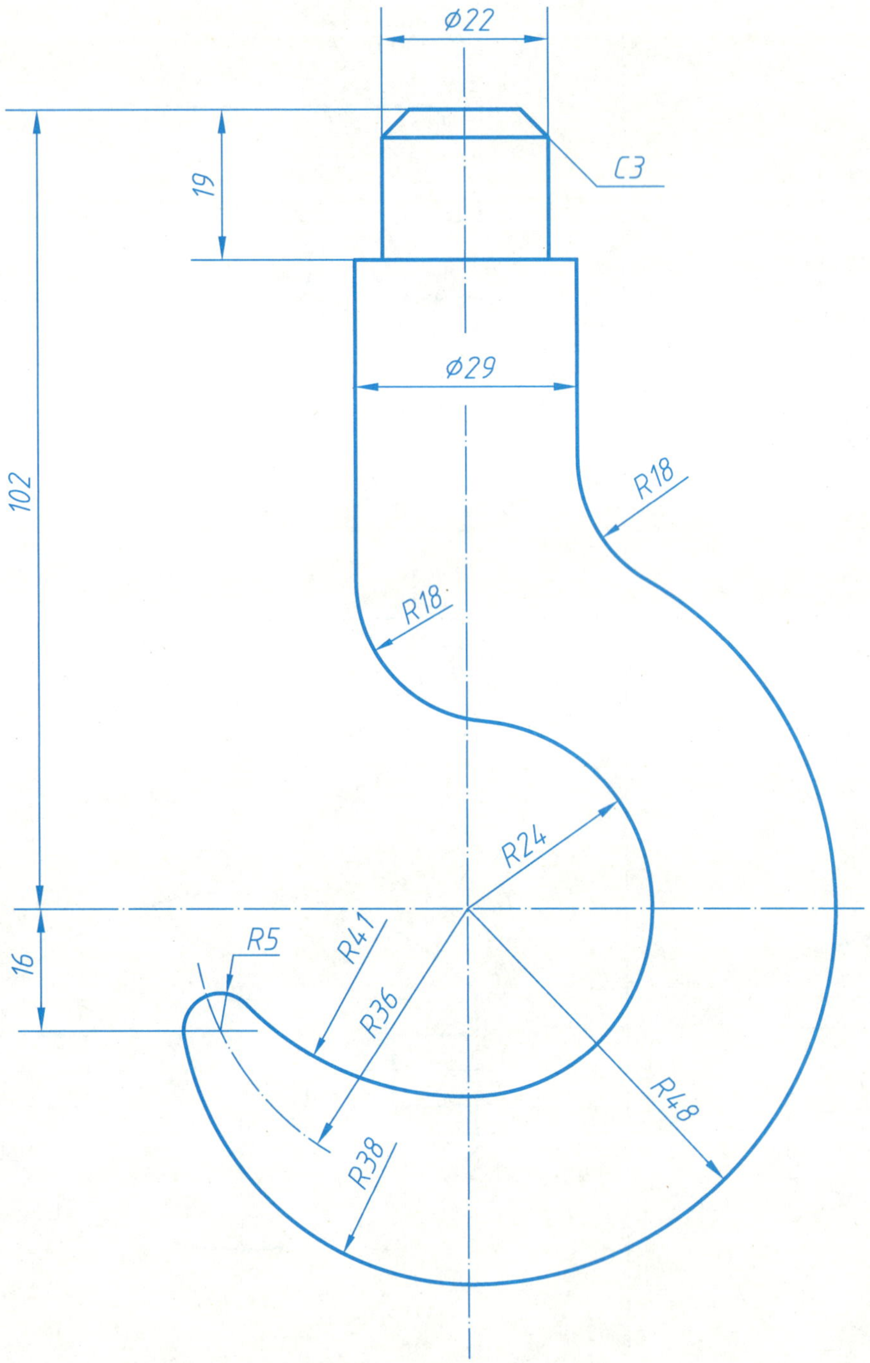

(2)

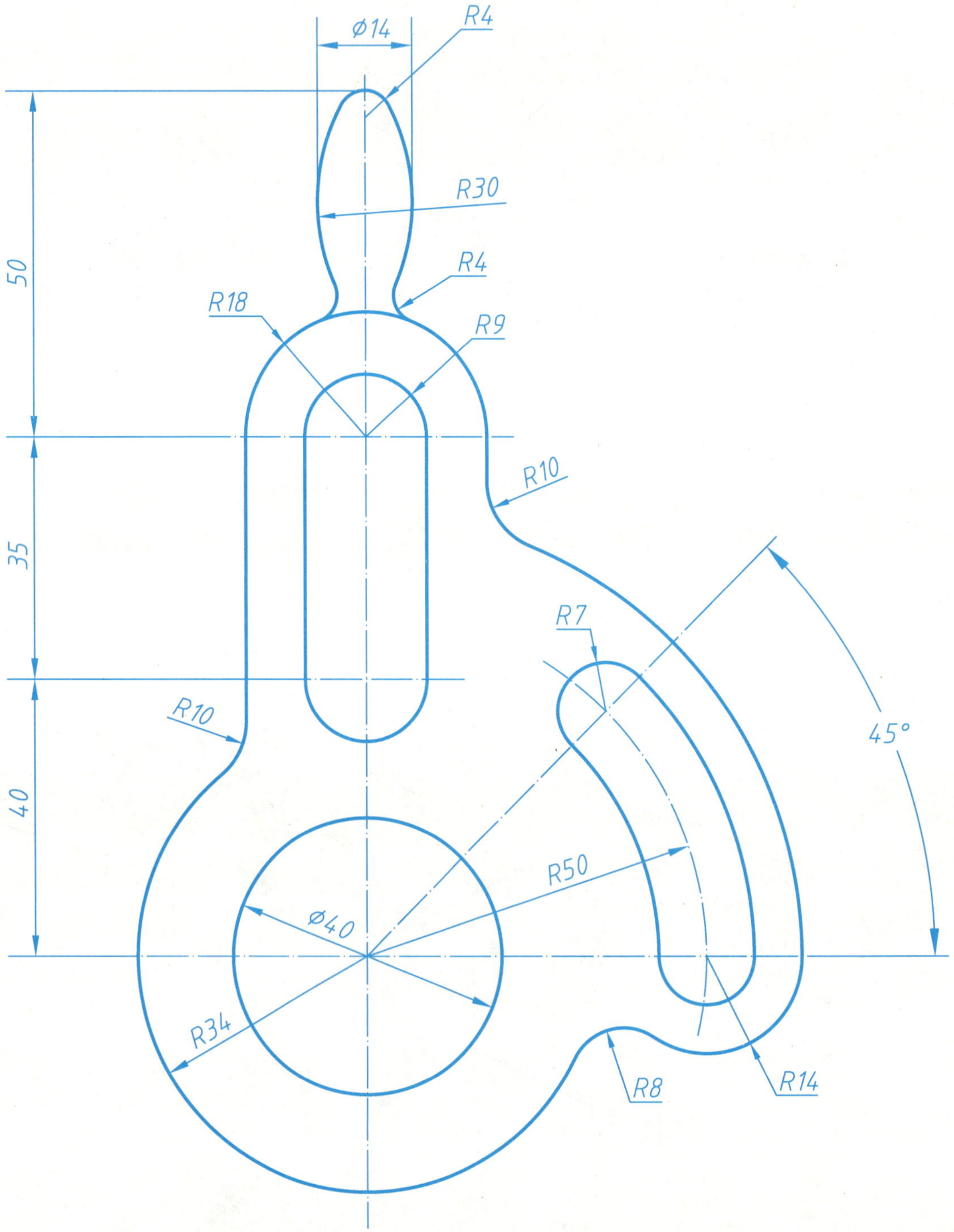

第2章 点、直线和平面的投影（一）

2-1 根据立体图作各点的两面投影。

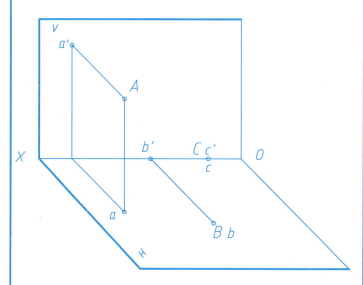

2-2 已知点 $A(18, 23, 23)$ 和点 B、C、D，求点 A 的三面投影及点 B、C、D 的第三投影，并指出点 B、C、D 的空间位置。

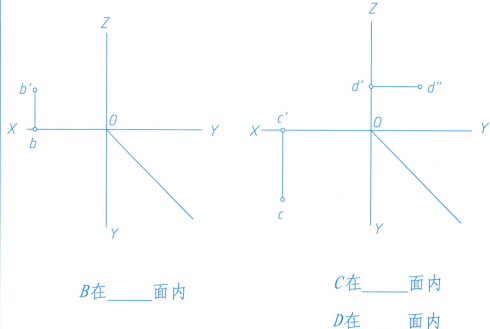

B 在 _____ 面内

C 在 _____ 面内

D 在 _____ 面内

2-3 求点的第三投影，并判断重影点的可见性。

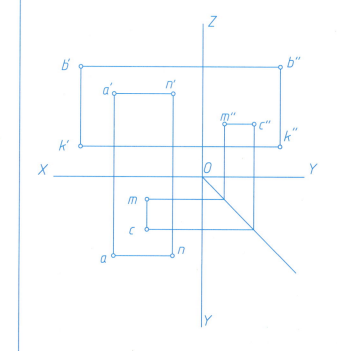

2-4 作出各点的三面投影：点 $A(25, 15, 20)$，点 B 距离投影面 W、V、H 分别为 10、20、15；点 C 在 A 之左 10，A 之前 15，A 之上 8；点 D 在 A 之下 10，与投影面 V、H 等距，与投影面 W 的距离是与 H 面距离的 3.5 倍。

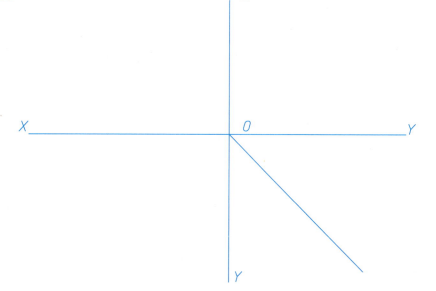

2-5 已知点 B 与点 A 距 V 面等远，且点 B 的坐标 $X_B=20$，$Y_B=2Z_B$，求点 B 的三面投影。

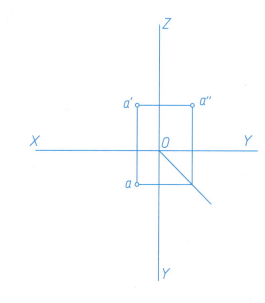

| 第2章 点、直线和平面的投影（二） | 班级 姓名 审核 | 6 |

2-6 试作下列各直线的第三投影，并写出该直线对投影面的相对位置。

(1)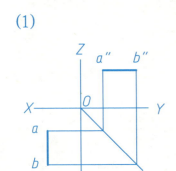

(2)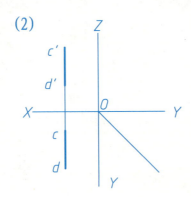

(3)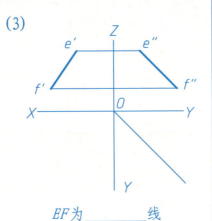

AB为_____线
实长为____mm
α=____
β=____
γ=____

CD为_____线
实长为____mm
α=____
β=____
γ=____

EF为_____线

2-7 由点A作直线AB与CD相交，交点B距离H面25。

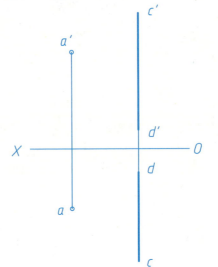

2-8 求直线AB实长及对H、V面倾角α、β。

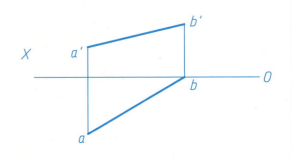

2-9 在AB、CD上作对正面投影的重影点E、F和对侧面投影的重影点M、N的三面投影，并表明可见性。

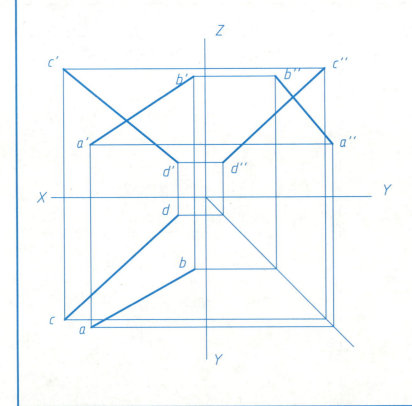

2-10 由点A作直线CD的垂线AB，作出垂足B。

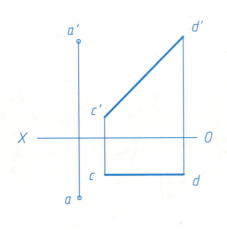

2-11 分别判断下列两直线的相对位置（平行、相交、交叉）。

(1)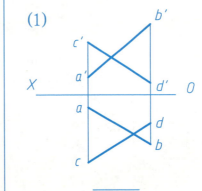

(2)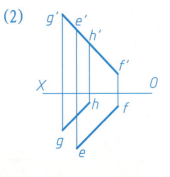

(3)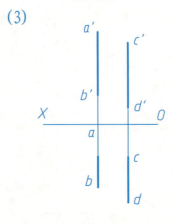

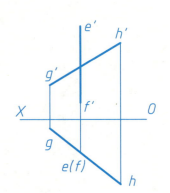

第2章 点、直线和平面的投影（三）　　班级　　姓名　　审核　7

2-12 补全平面的三面投影，并判断平面处于什么空间位置，在可反映平面倾角的投影上标明倾角。

(1)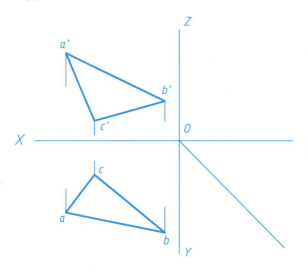
_____面

(2)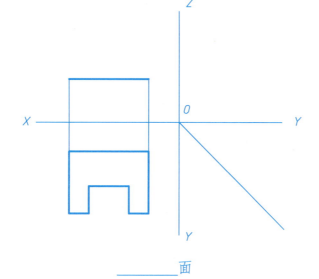
_____面

2-13 用迹线表示下列平面：过直线AB的正垂面P；过点C的正平面Q；过直线DE的水平面R。

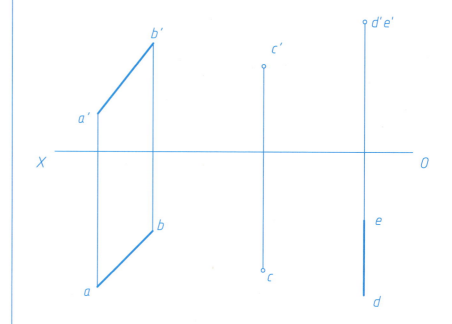

2-14 判断直线AD、点E是否在平面△ABC上？

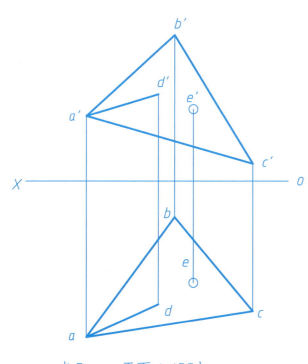

点E_____平面△ABC上。
直线AD_____平面△ABC上。

2-15 补全平面图形ABCDE的两面投影。

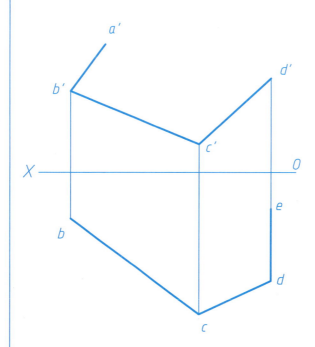

2-16 作出▱ABCD上的△EFG的水平投影。

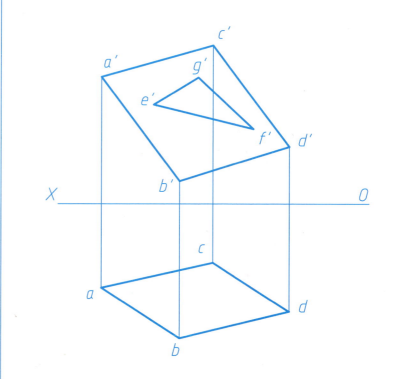

第2章 点、直线和平面的投影（四）

2-17 求直线 AB 与 △DEF 的交点 K，并判别可见性。

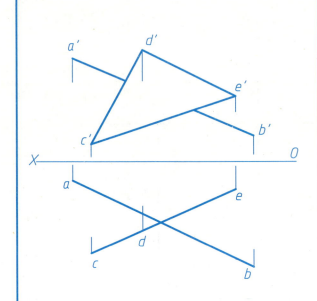

2-18 求直线 EF 与 △ABC 的交点并判别可见性。

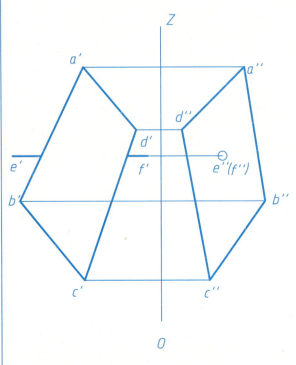

2-19 求两平面的交线并判别可见性。

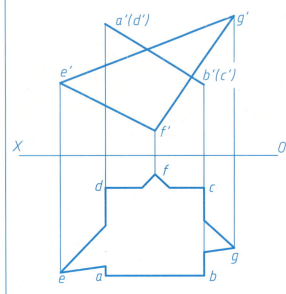

2-20 求两平面的交线并判别可见性。

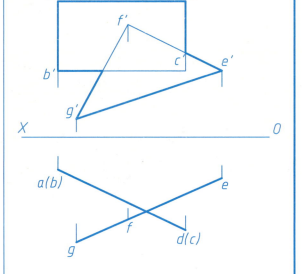

2-21 判别直线与平面、平面与平面的相对位置（请填写"平行"、"垂直"或"倾斜"）。

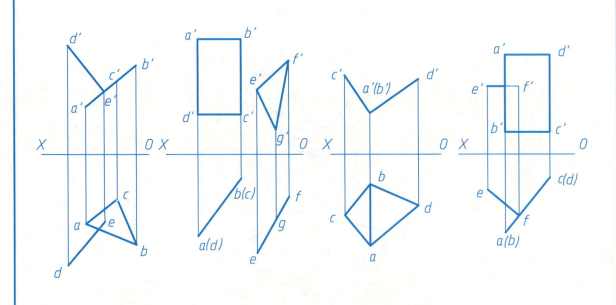

2-22 已知直线 AB 的实长为 40mm。用换面法，求 AB 的正面投影及 β 角。

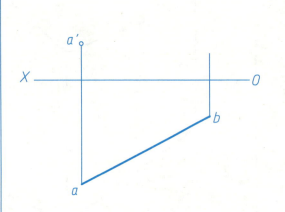

2-23 已知点 D 到平面 ABC 的距离为 N，求点 D 的正面投影 d'。

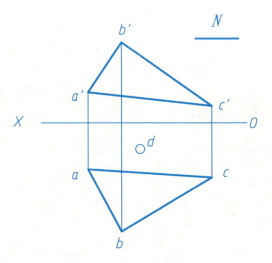

| 第3章 立体的投影（一） | 班级 　　姓名 　　审核 | 9 |

3-1 补画立体的第三投影，并画出表面上点、线的其余两投影，保留作图线。

(1)
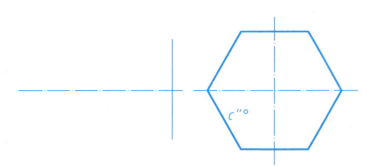

(2)
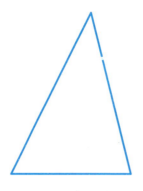

(3) 作左端为正垂面的凸字侧垂柱的水平投影，并已知表面上折线的起点A的正面投影和终点E的侧面投影，折线的水平投影成一直线，作折线的三面投影。

(4)
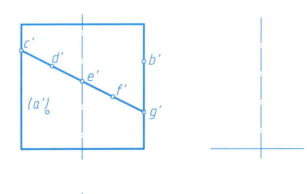
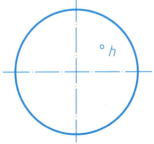

(5)
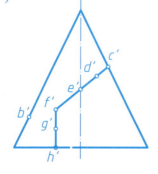
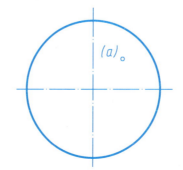

(6)
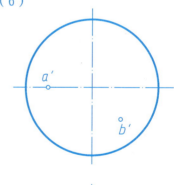
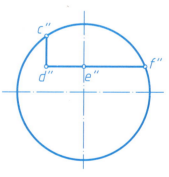

第3章 立体的投影（二） 班级 姓名 审核 10

3-2 求出立体截切后的投影，保留作图线。

(1)

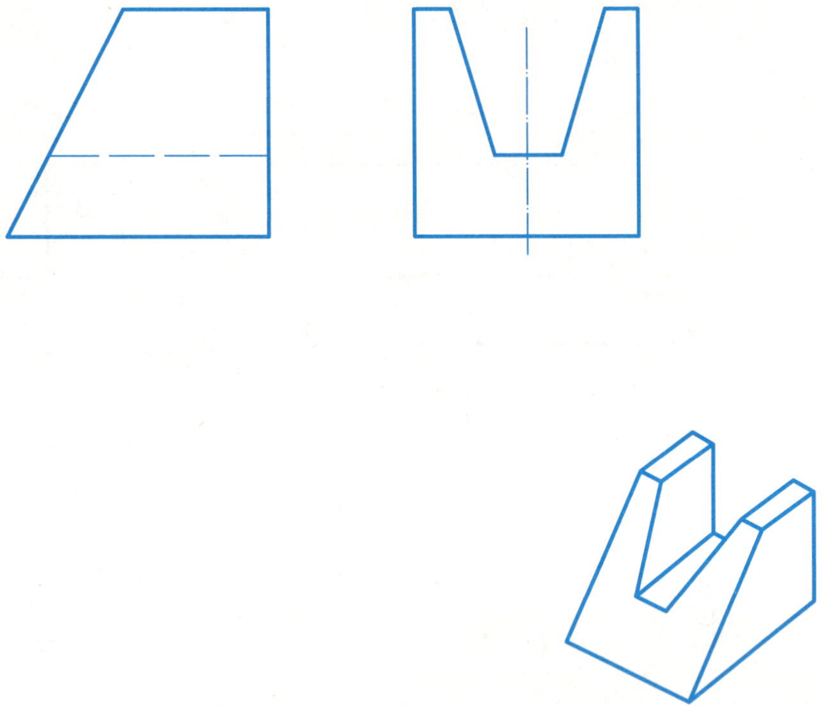

(2)

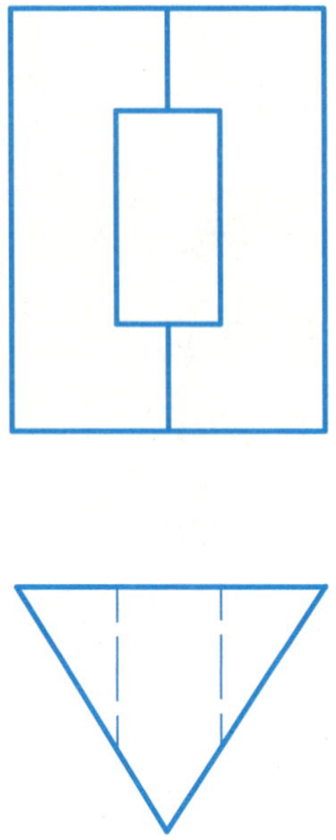

(3)

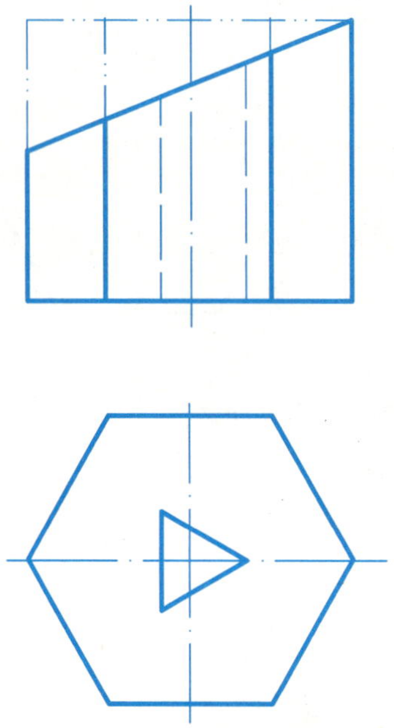

(4)

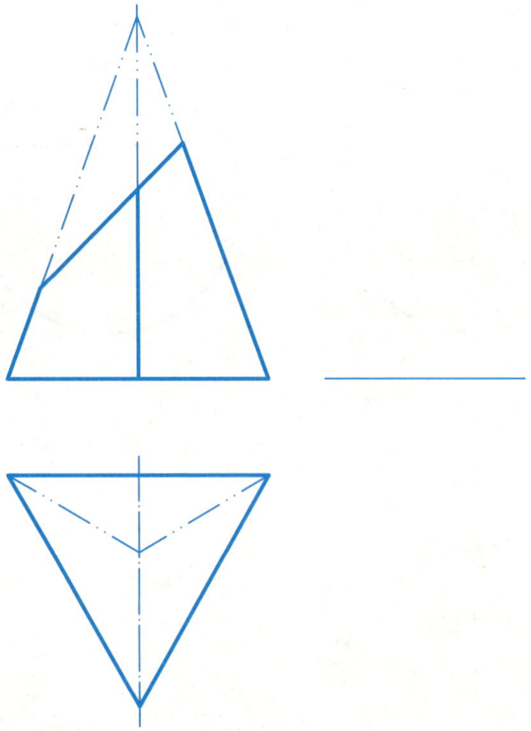

(5)

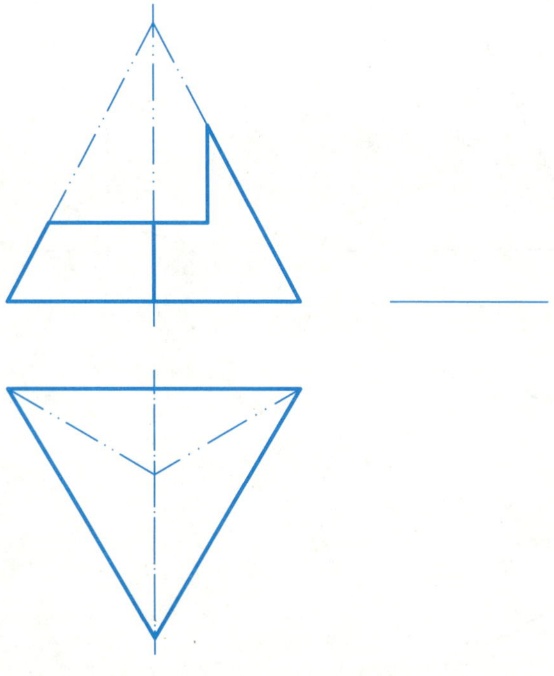

(6) 具有正方形孔的四棱台被正垂面和侧平面切割掉左上角，补全切割后的水平投影，补画切割后的侧面投影。

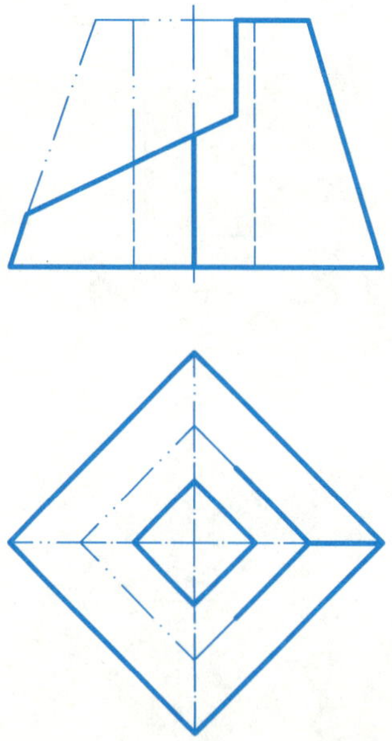

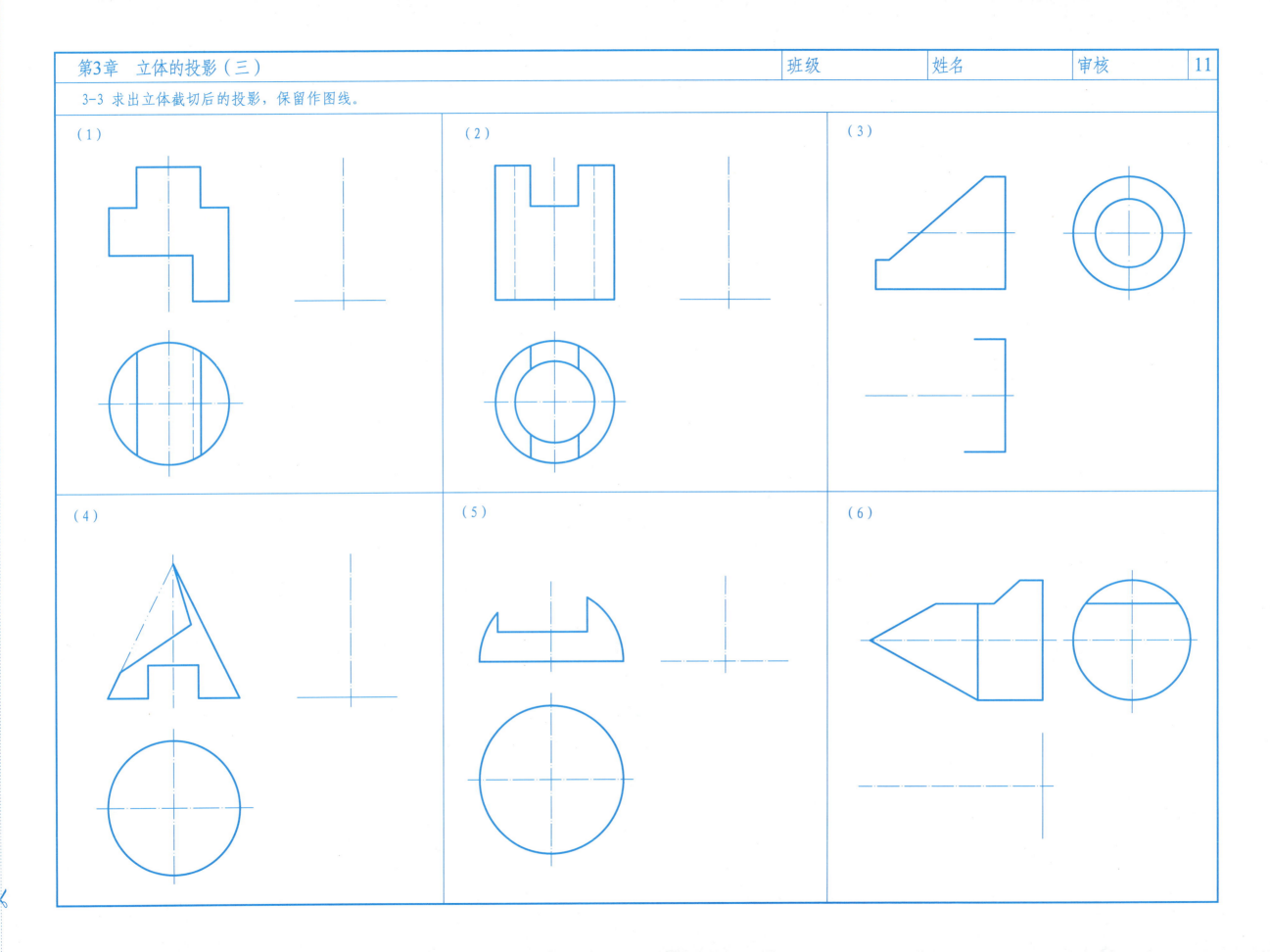

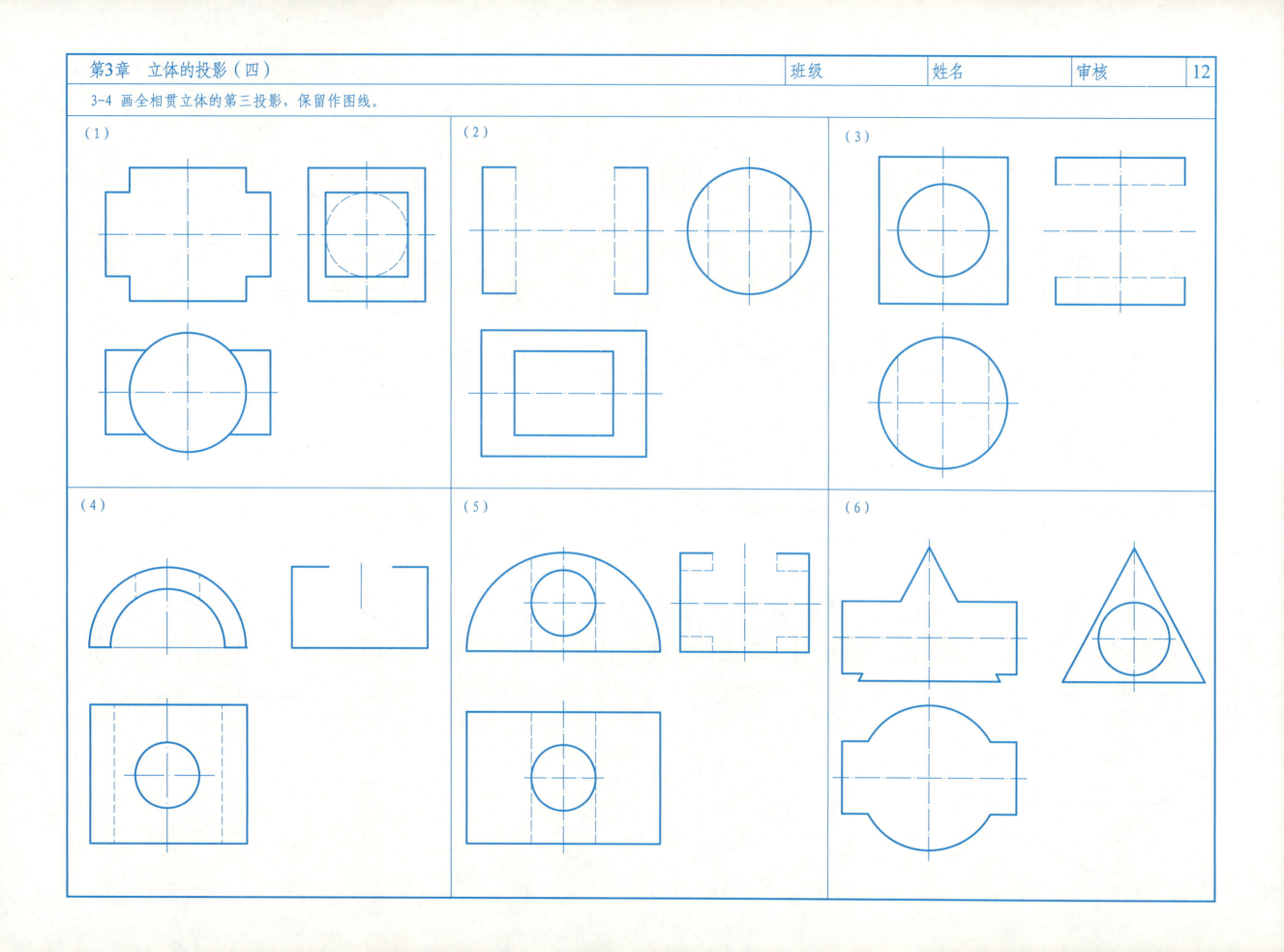

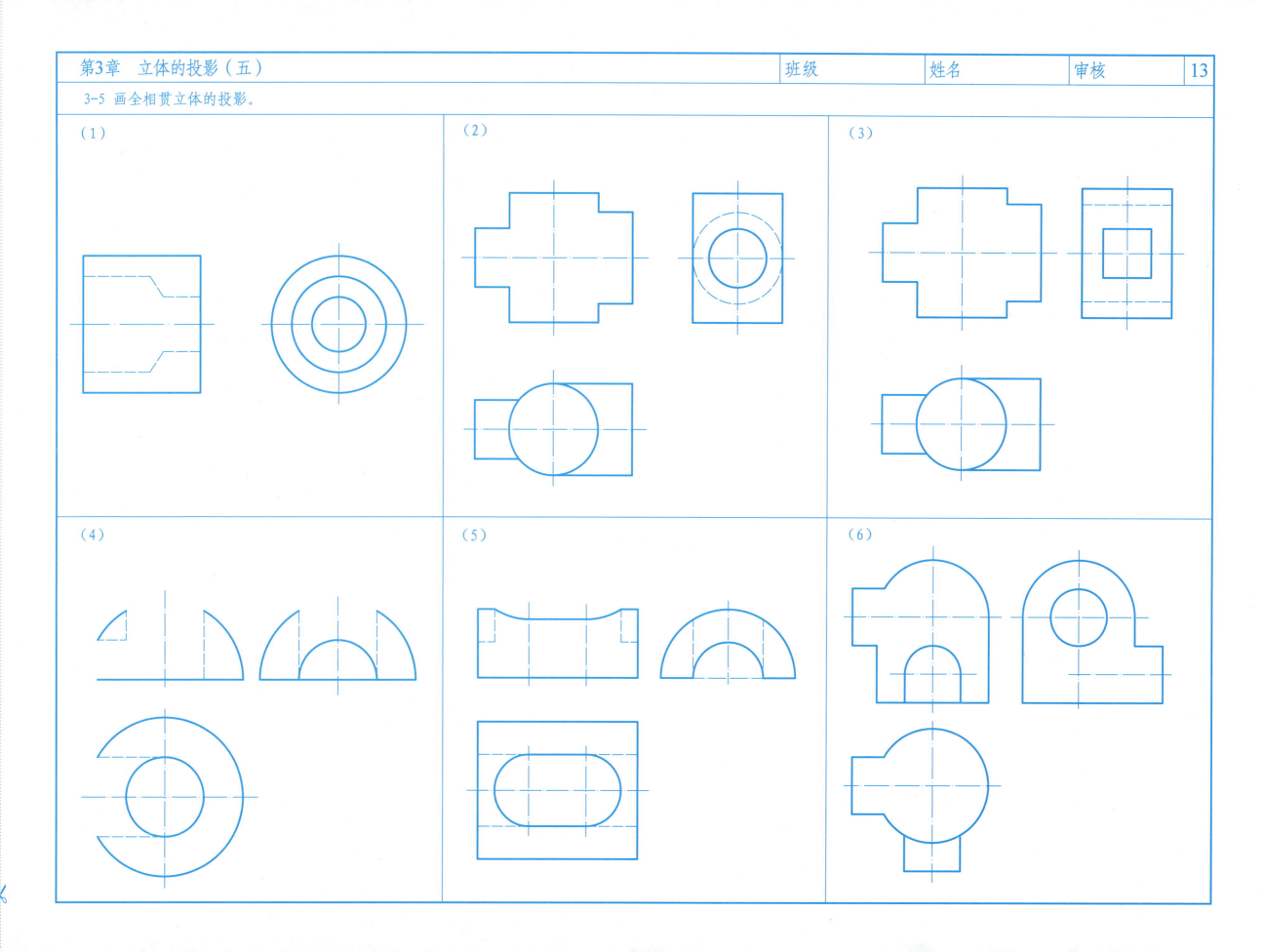

第3章 立体的投影（六）　　班级　　姓名　　审核　　14

3-6 画全相贯立体的投影。
(1)
(2)

3-7 在正确的答案处画"√"。
(1) (a) (b) (c) (d)
(2) (a) (b) (c) (d)
(3) (a) (b) (c)

第4章 组合体（一）

4-1 根据轴测图补画视图中所缺的图线。

(1) (2) 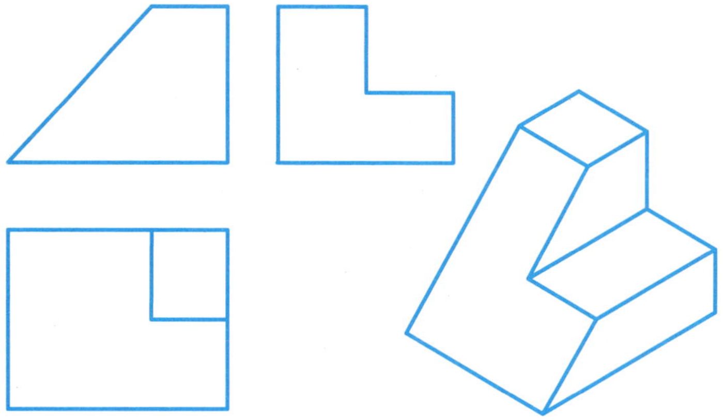 (3) 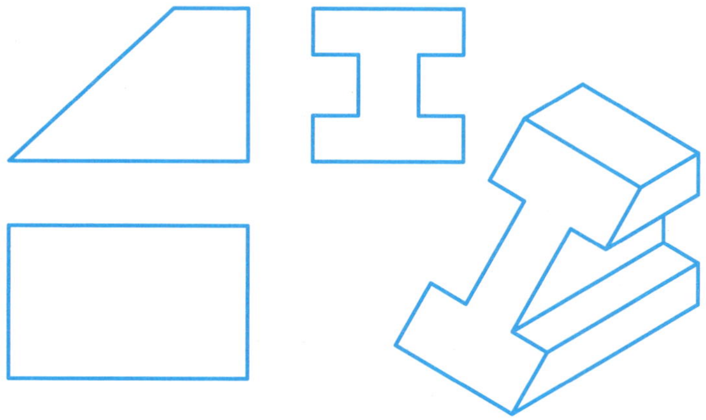
(4) 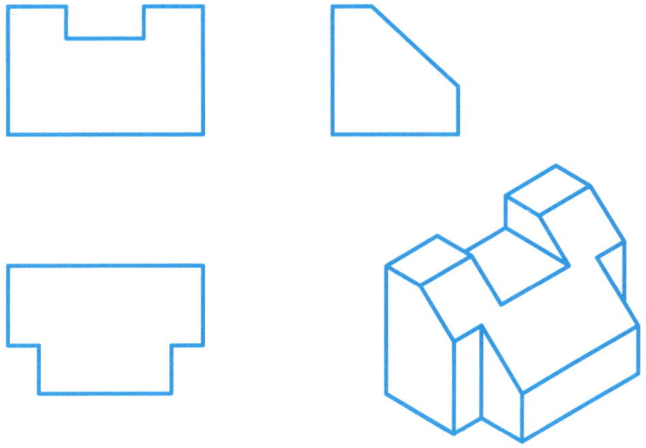 (5) 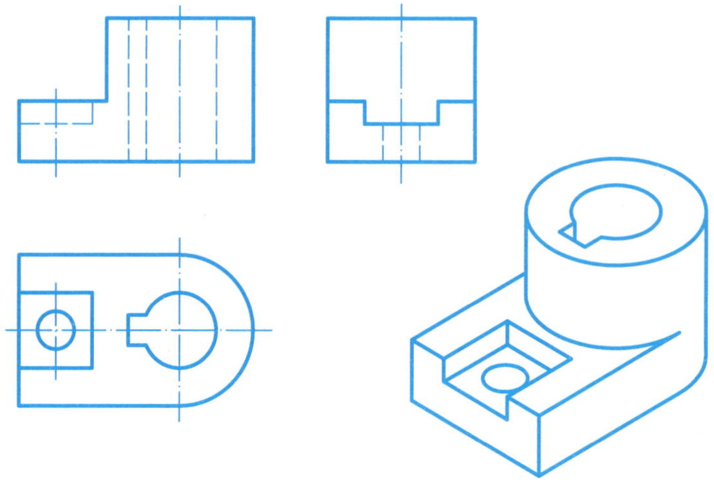 (6) 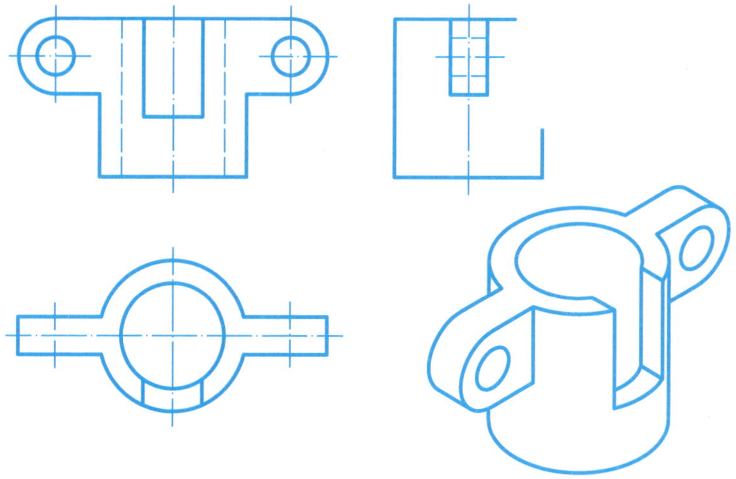
(7) 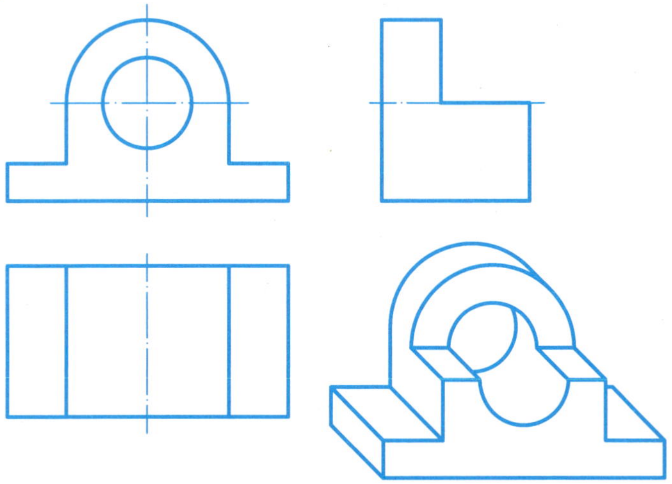 (8) 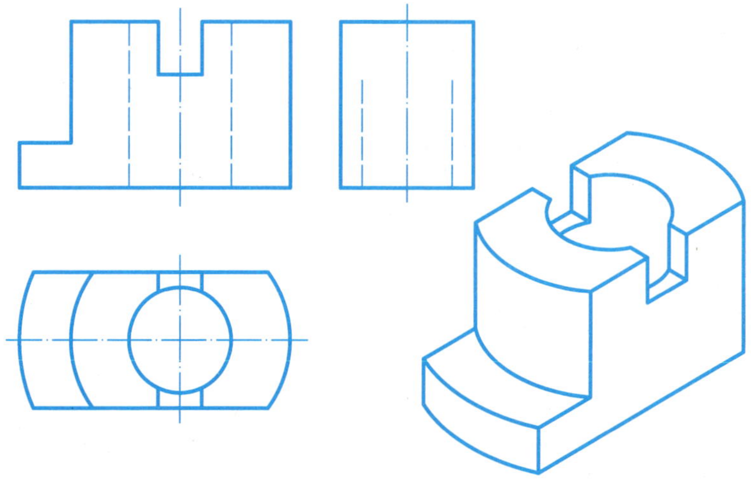 (9)

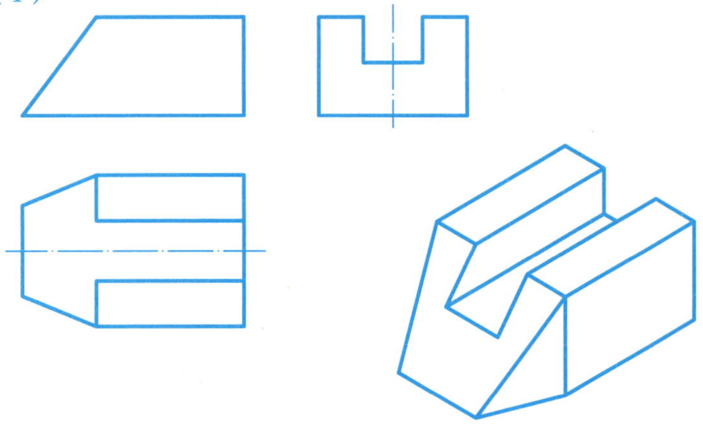

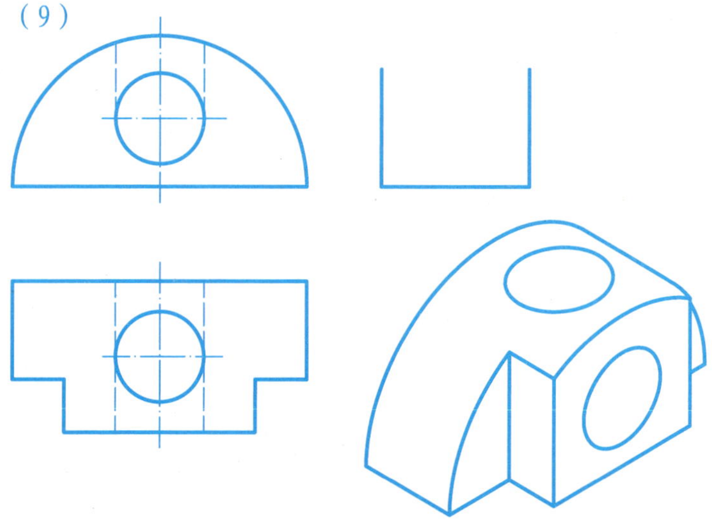

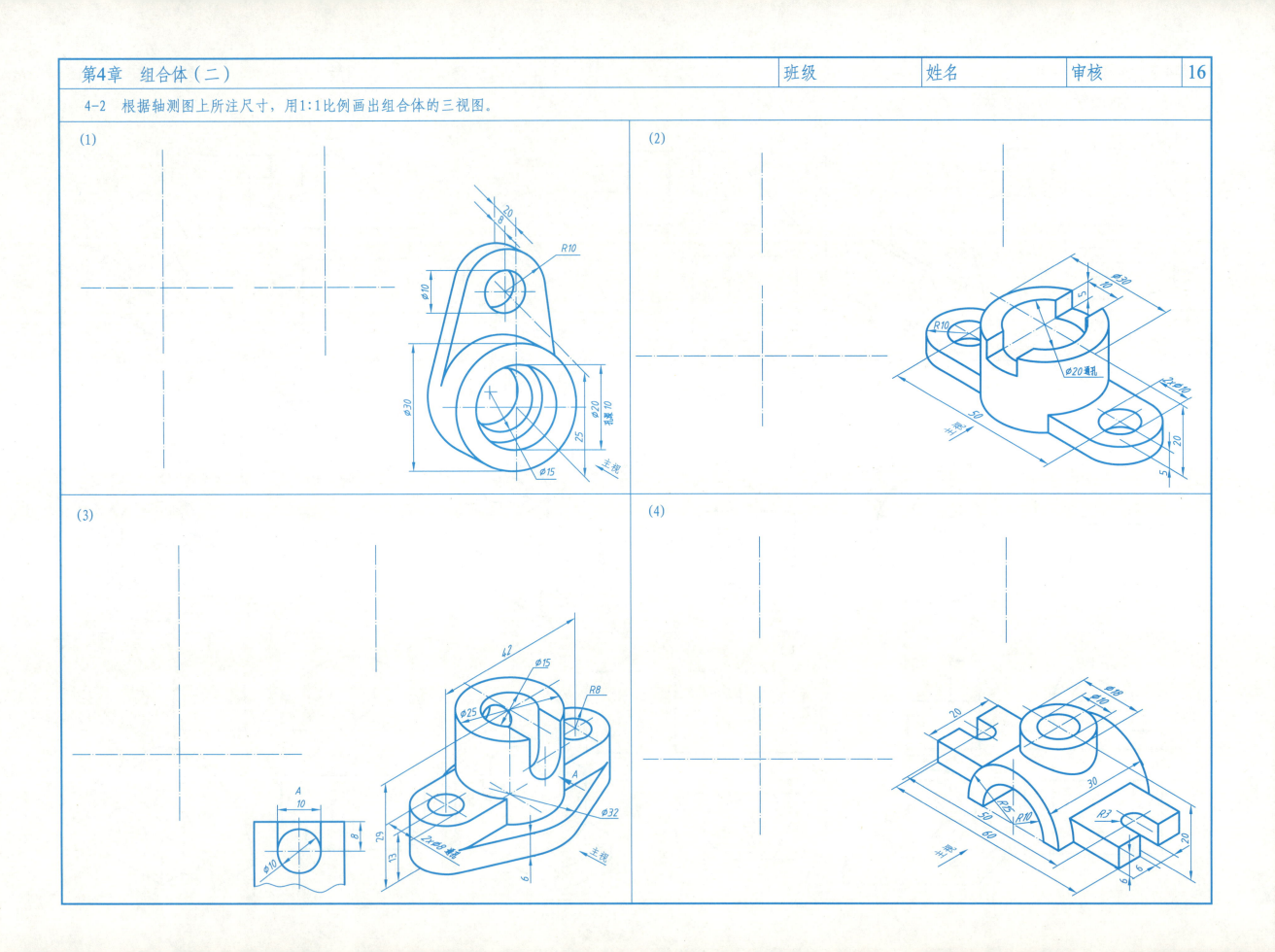

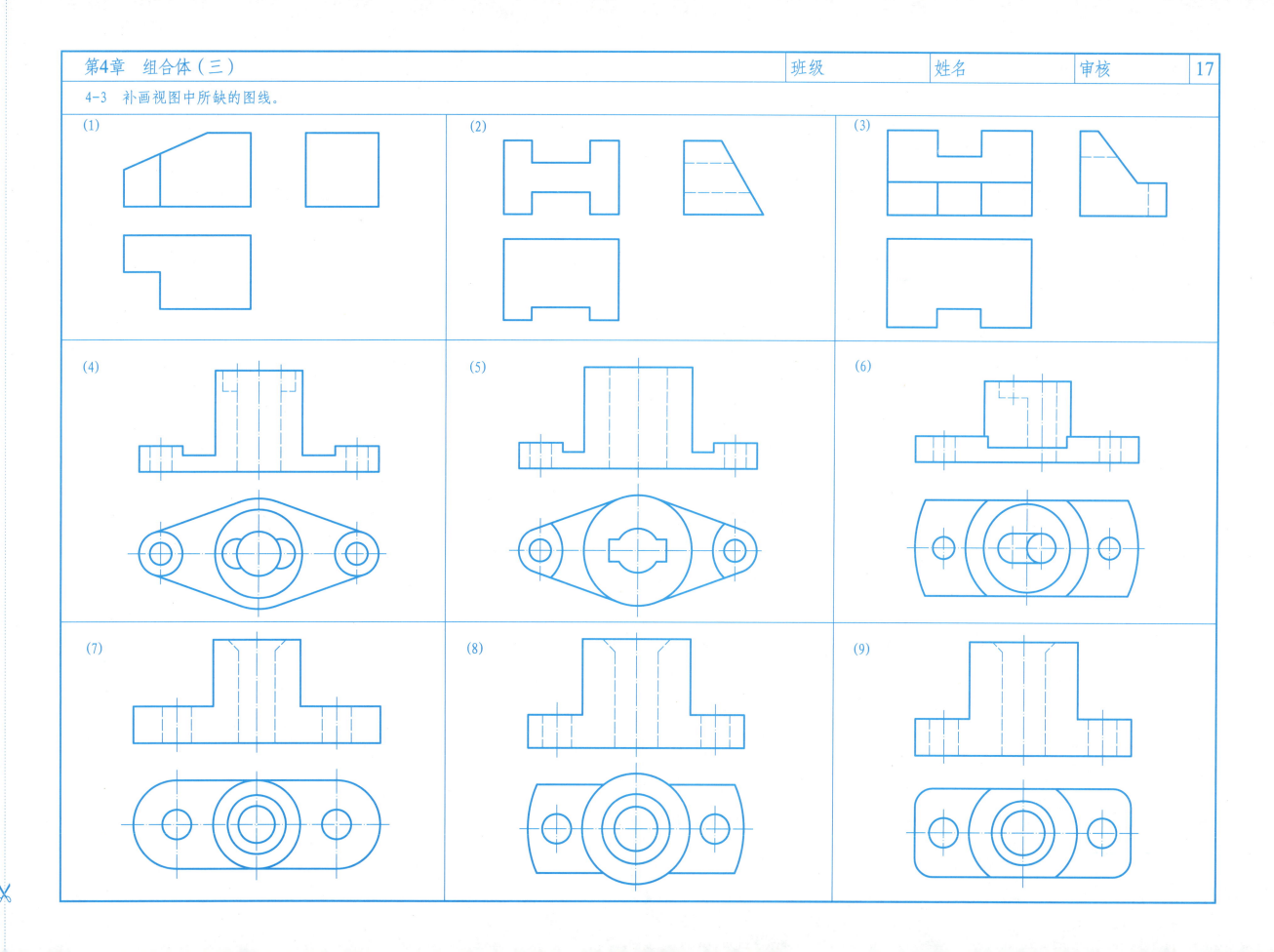

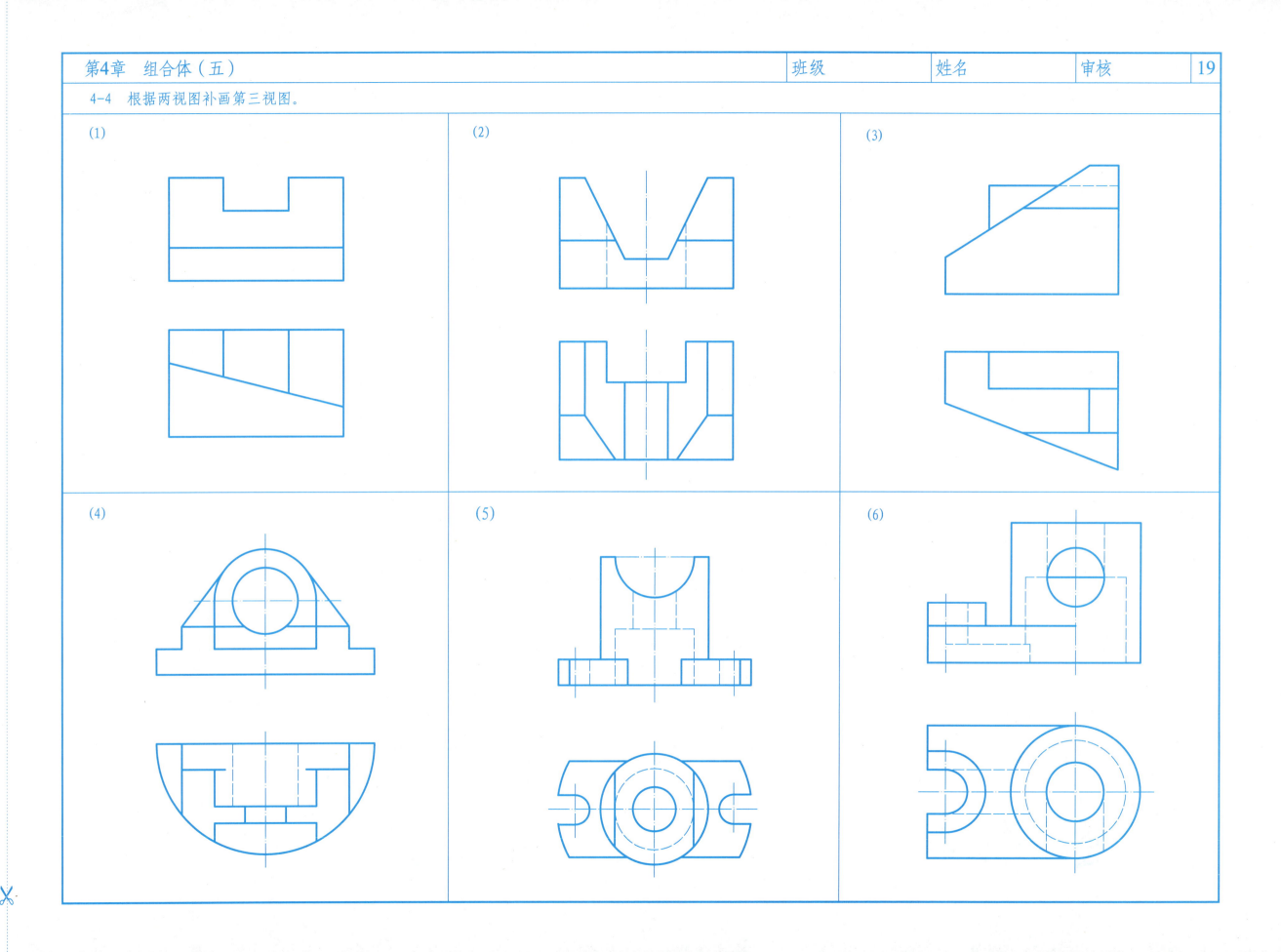

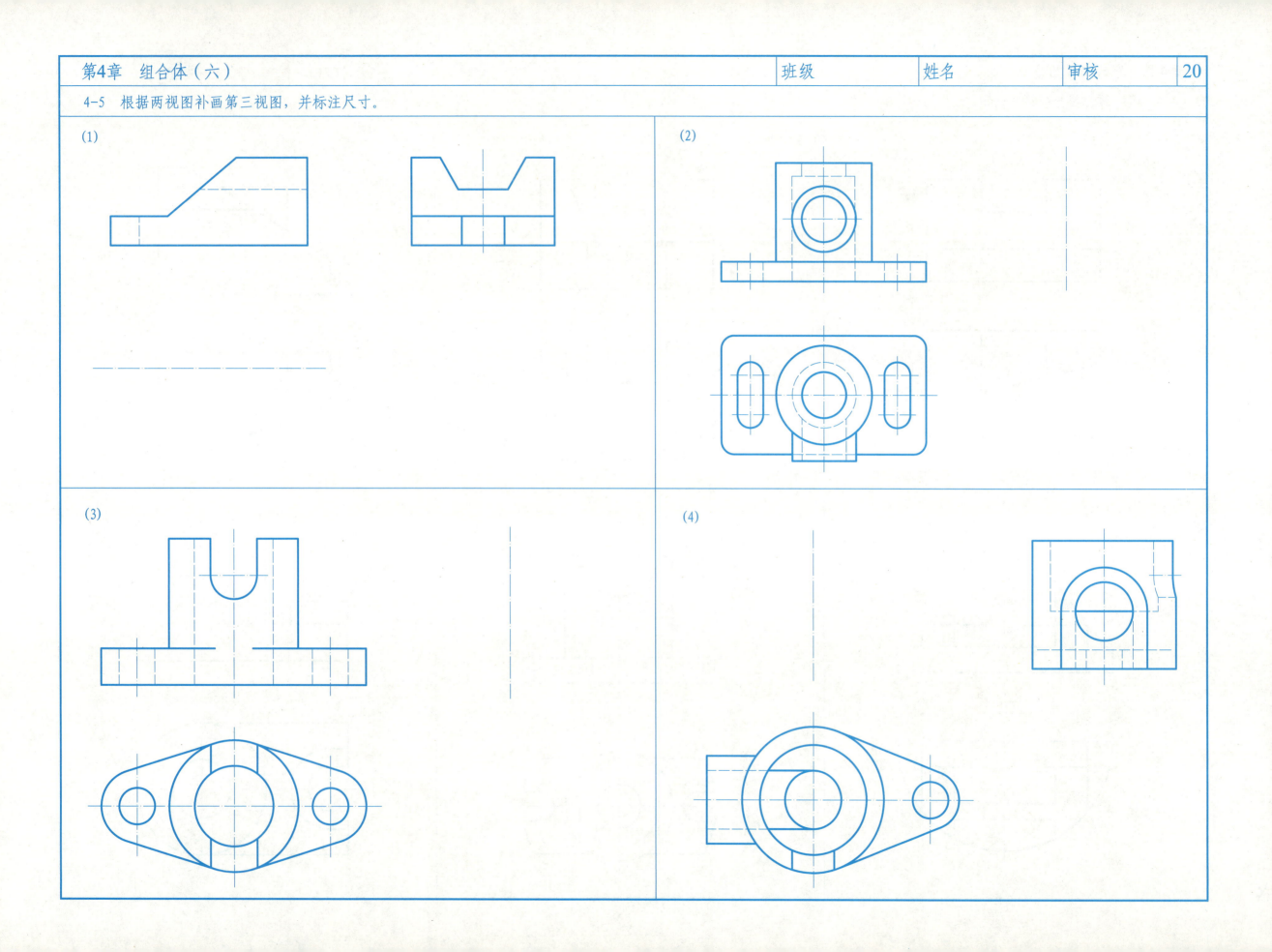

第4章 组合体（七） 班级　　　姓名　　　审核　21

4-6 根据轴测图在A3图纸上画出组合体的三视图，并标注尺寸。

(1)

(2)

(3)

(4)

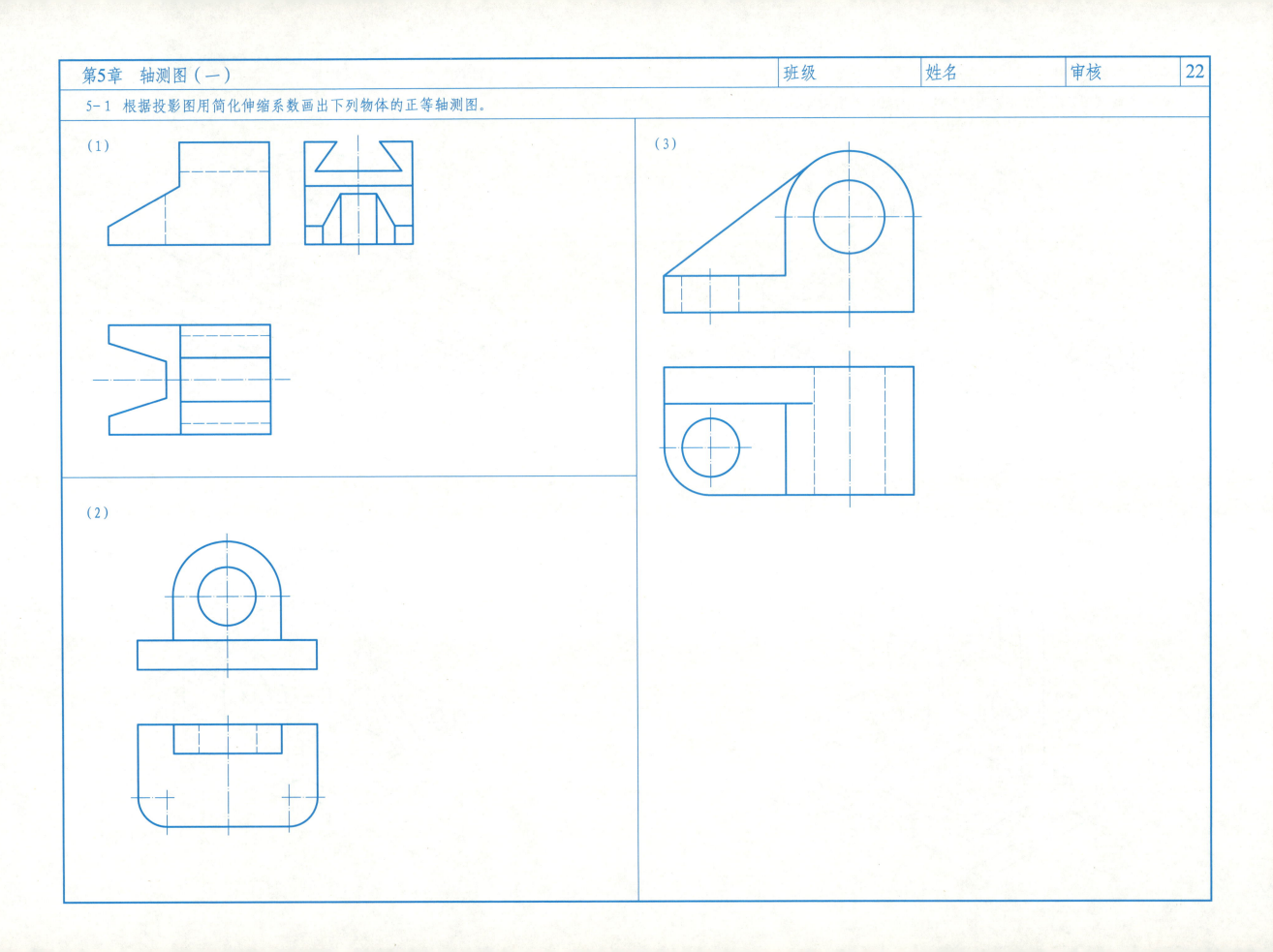

第5章 轴测图（二）

班级　　姓名　　审核　　23

5-2 根据投影图画题中给定物体的斜二轴测图（$q=0.5$）。

(1)

(2)

(3)

5-3 画机件的轴测图，并作剖切（A4图纸）。

| 第6章 机件的常用表达方法（一） | 班级　　　姓名　　　审核 | 24 |

6-1 视图

（1）画出其余的基本视图。

（2）将其余基本视图画成向视图。

（3）画出A向斜视图。

（4）画出A向局部视图。

第6章 机件的常用表达方法（二）

25

6-2 分析下列各剖视图，漏的线补上，多的线打"×"。

(1) (2) (3) (4) (5) (6) (7) (8) (9) (10) (11) (12) (13) (14) (15)

第6章 机件的常用表达方法（三）

6-3 将主视图画成全剖视图。

(1)

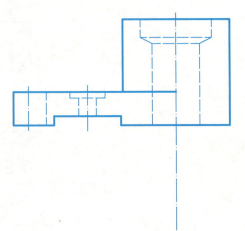

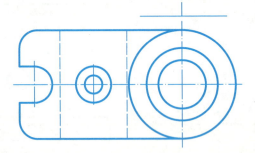

(2)

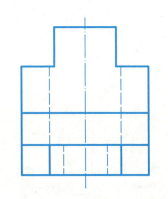

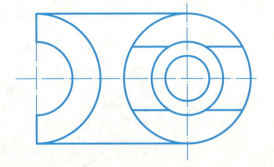

6-4 改正剖视图中的错误，少线处补上，多的线打"×"。

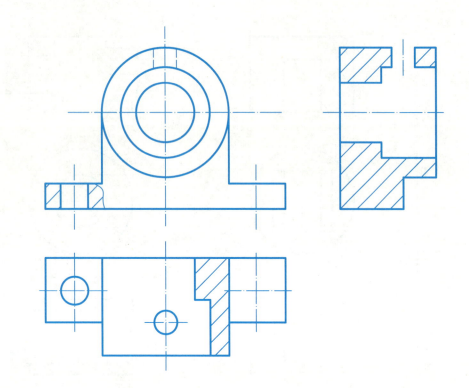

6-5 将左视图画成全剖视图，主视图画成半剖视图。

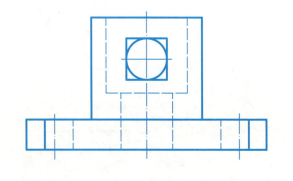

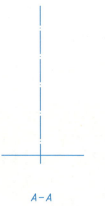

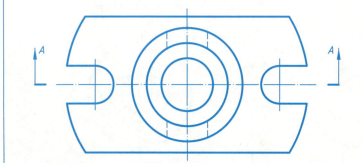

A—A

第6章 机件的常用表达方法（四）

6-6 将左视图画成半剖视图。

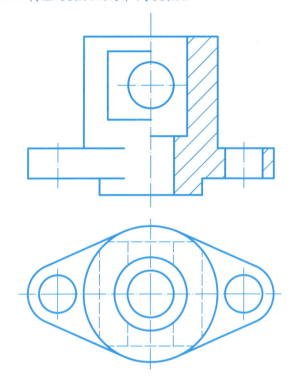

6-7 将主视图画成半剖视图，左视图画成全剖视图。

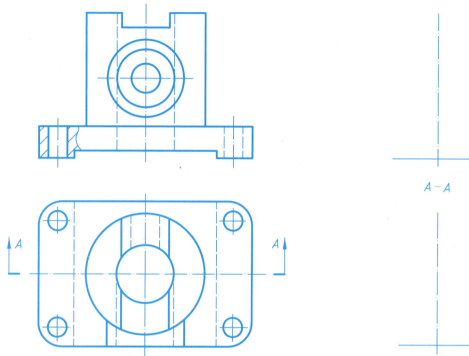

6-8 改正下列局部剖视图中的错误，少的线补上，多的线打"×"。

（1）　　　　　　（2）　　　　　　（3）

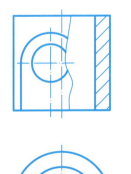

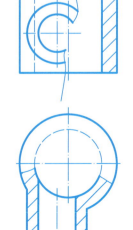
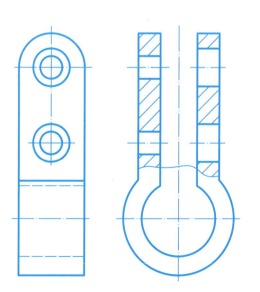

6-9 在主、俯视图上取适当局部剖视图(保留线加深,多的线打"×")。

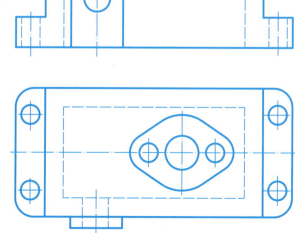

| 第6章 机件的常用表达方法（五） | 班级　　　姓名　　　审核　　28 |

6-10 在指定位置画出全剖视的斜视图。

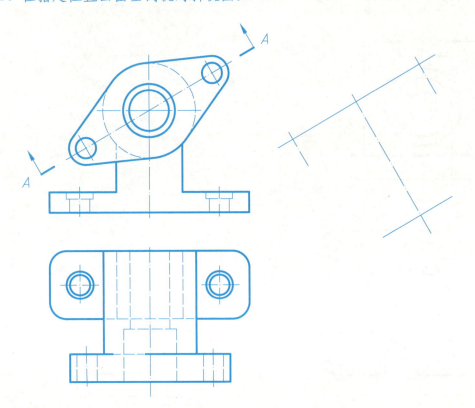

6-12 在指定位置画出用相交两平面剖切的全剖视图。

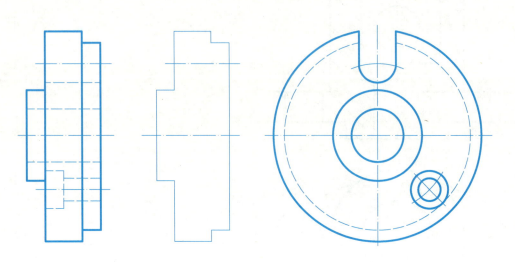

6-11 在指定位置画出用两平行平面剖切的全剖视图。

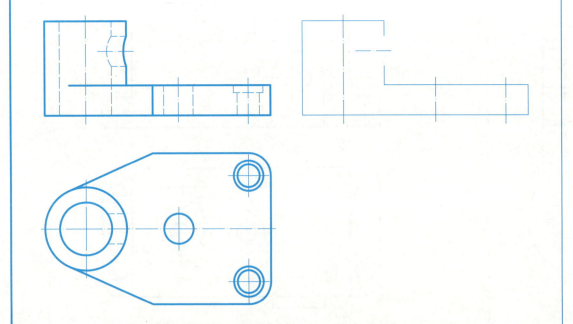

6-13 判断用三个平行平面剖切的全剖视图的正误（在正确的图下打"√"，在错误图中圈出错误之处）。

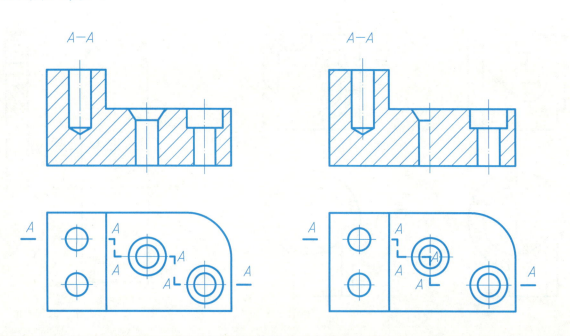

第6章 机件的常用表达方法（六）

6-14 画出轴上指定位置的断面图（左面键槽深4mm，右面键槽深3mm）。

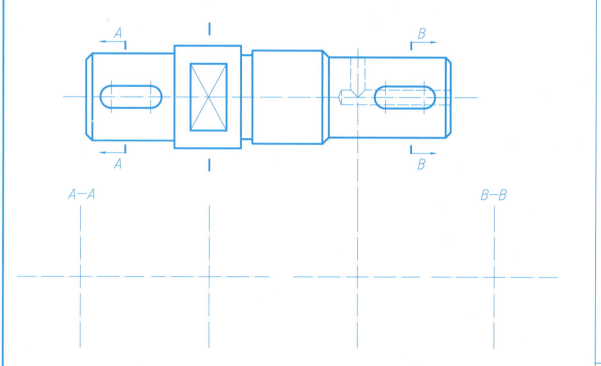

6-16 画出适当的主视图。

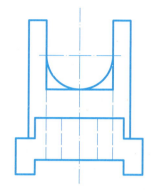

6-15 在主视图中画出指定位置十字肋的重合断面。

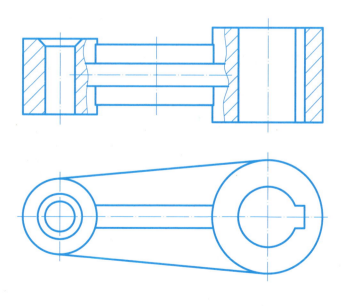

6-17 画出半剖视的主视图，全剖视的左视图；并标注尺寸，尺寸从图中量取整数（保留线加深，不要的线打"×"）。

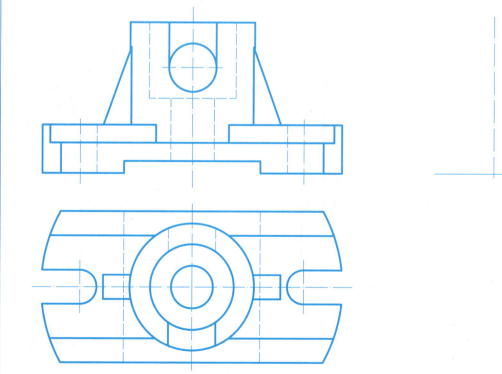

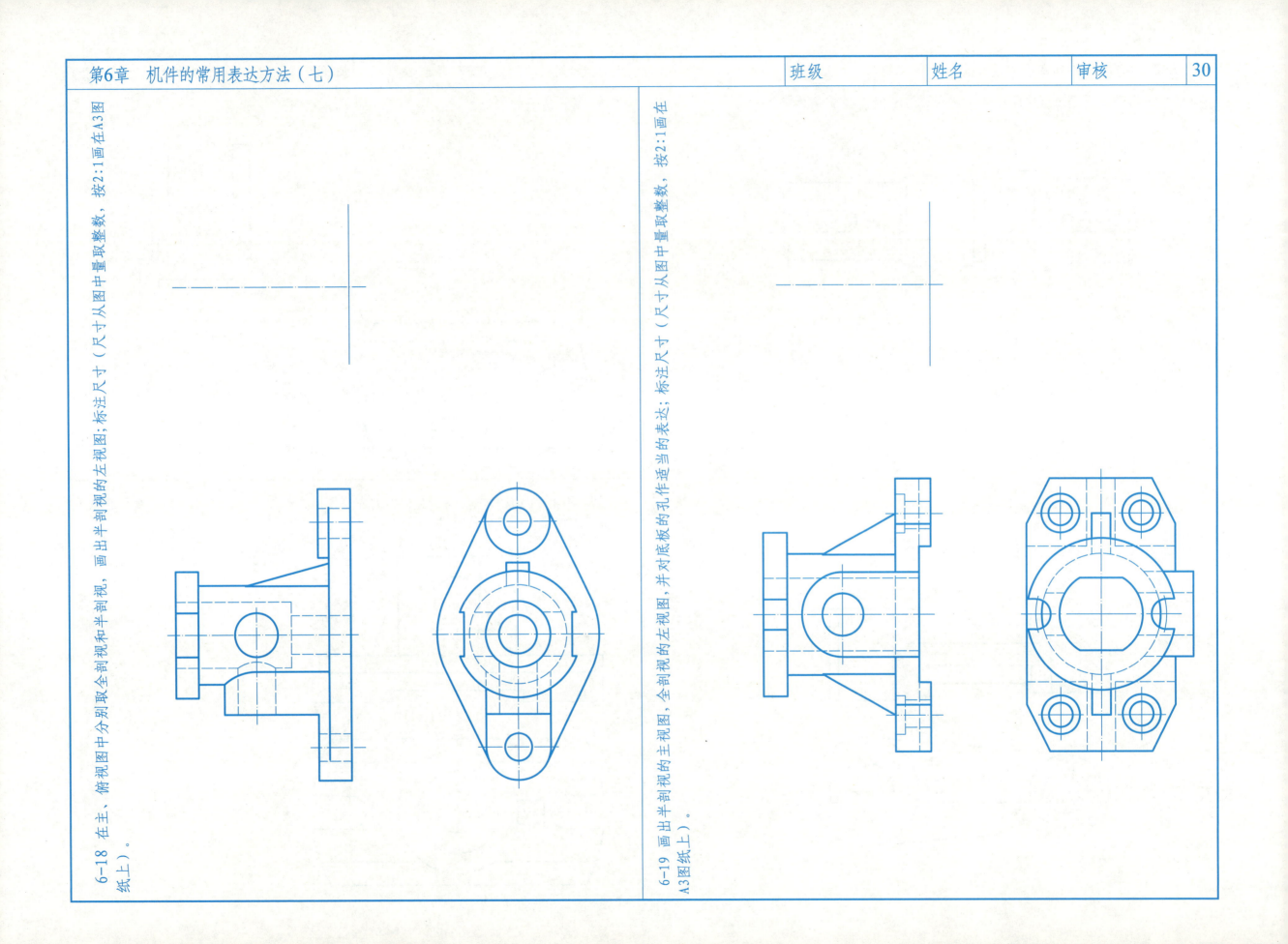

第6章 机件的常用表达方法（八）

6-20 综合练习。

(1) 补漏线，多的线打"×"。

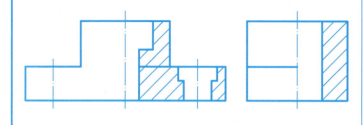
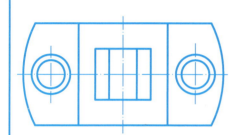

(2) 补漏线，多的线打"×"。

A-A

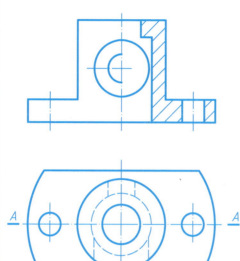

(3) 补漏线。

A-A

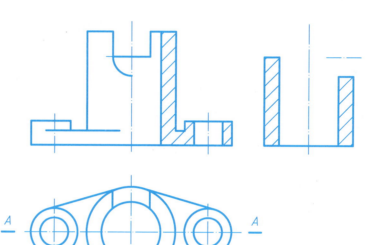

(4) 指出局部剖视图中的错误，错的、多的线打"×"。

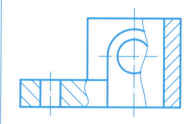

(5) 在正确的剖视图答案处打"√"。

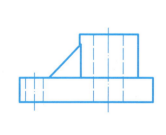

A-A   A-A

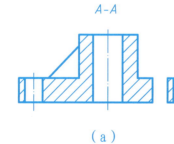 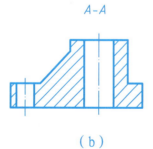

(a)   (b)

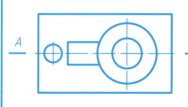

A-A   A-A

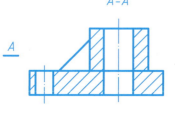 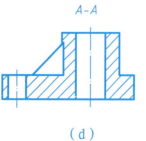

(c)   (d)

(6) 在正确的断面图答案处画"√"。

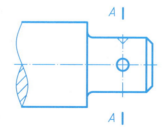

A-A   A-A

(a)   (b)

A-A   A-A   A-A   A-A

(c)   (d)   (e)   (f)

(7) 补全所缺尺寸。

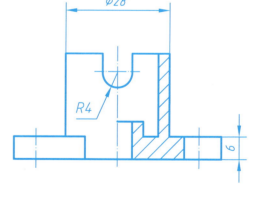
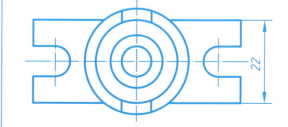

第7章 标准件和常用件（一）

7-1 判断下列螺纹画法的正确性，正确的打"√"，错误的画"×"。

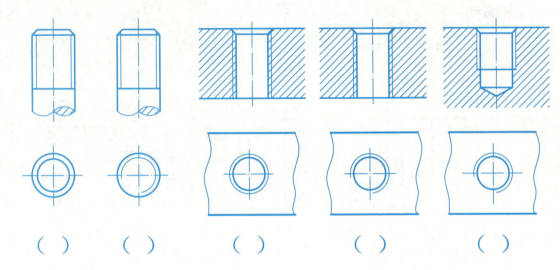

(　)　　(　)　　(　)　　(　)　　(　)

7-2 分析下列螺纹画法中的错误，在指定位置画出正确图形。

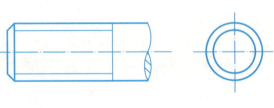 

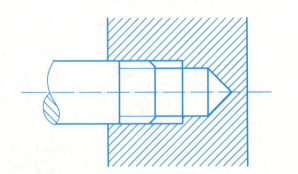

7-3 根据下列给定的要素，在图上标注螺纹的标记或代号。

(1) 普通螺纹，公称直径20mm，螺距2.5mm，单线，右旋，中径公差带5g，顶径公差带6g，短旋合长度。

(2) 普通螺纹，公称直径16mm，螺距1.5mm，单线，左旋，中径、顶径公差带均为6H。

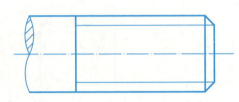 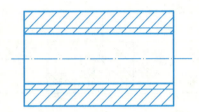

(3) 非螺纹密封的管螺纹，尺寸代号1/2，公差等级为A级，右旋。

(4) 梯形螺纹，公称直径16mm，导程8mm，双线，左旋，中径公差带6g，长旋合长度。

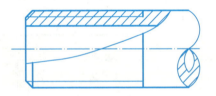 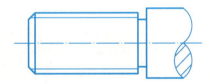

7-4 根据标注的螺纹代号，查表并说明螺纹的各要素。

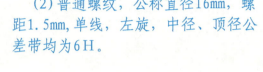

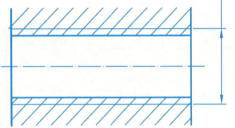 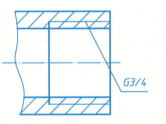

该螺纹为_____螺纹；
公称直径_____mm；
螺距_____mm；
线数为_____；
旋向为_____；
螺纹公差带_____。

该螺纹为_____螺纹；
尺寸代号为_____；
大径为_____mm；
小径为_____mm；
螺距为_____mm。

第7章 标准件和常用件（二）

7-5 查表填写下列螺纹紧固件的尺寸，并写出规定标记。

（1）六角头螺栓，A级，GB/T 5782—2000，螺纹规格 d=M16，公称长度 l=80mm。

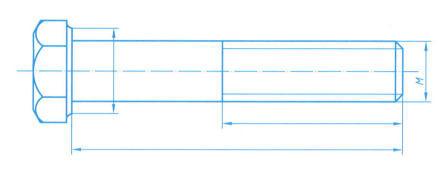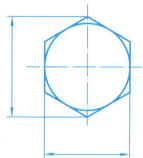

标记 _____

（2）开槽沉头螺钉，GB/T 68—2000，螺纹规格 d=M10，公称长度 l=50mm。

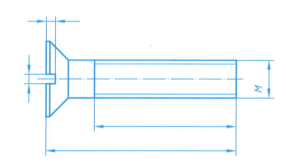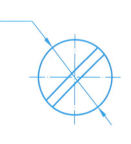

标记 _____

（3）1型六角螺母，A级，GB/T 6170—2000，螺纹规格 D=M16。　　（4）平垫圈，A级，GB/T 97.1—2002，公称直径16mm。

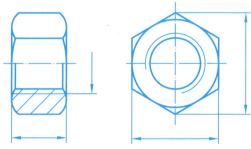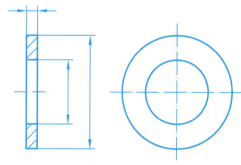

标记 _____　　标记 _____

7-6 补全螺纹紧固件的连接图。

（1）　　　　　　　　　　　　　　　（2）

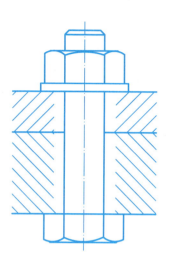

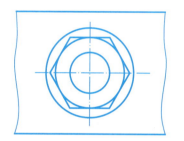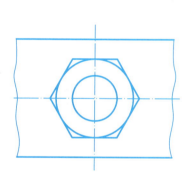

（3）

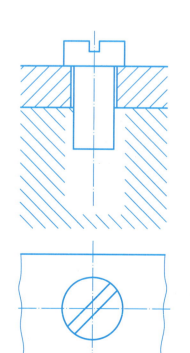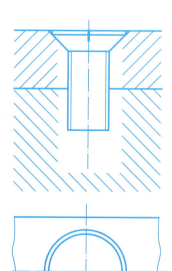

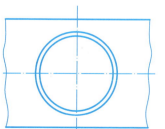

| 第7章 标准件和常用件(三) | 班级 | 姓名 | 审核 | 34 |

7-7 根据给定的螺纹紧固件，用简化画法画出其连接后的主视图和俯视图（螺纹紧固件的各项尺寸查表）。

（1） 螺栓 GB/T 5782　M16×80
　　　螺母 GB/T 6170　M16
　　　垫圈 GB/T 97.1　16

（2） 螺柱 GB/T 898　M16×40
　　　螺母 GB/T 6170　M16
　　　垫圈 GB/T 97.1　16

（3） 螺钉 GB/T 67　M8×35

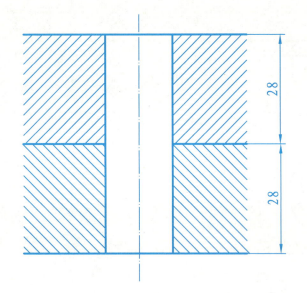
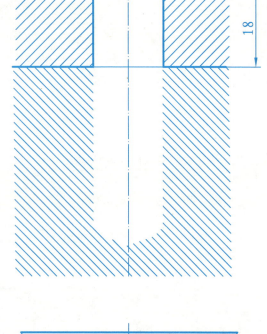
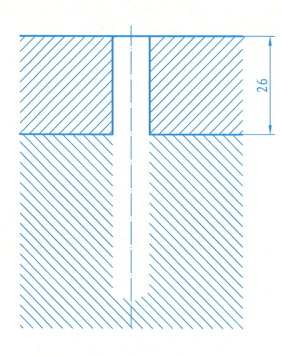
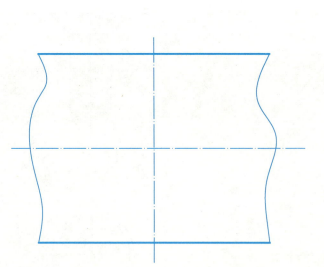
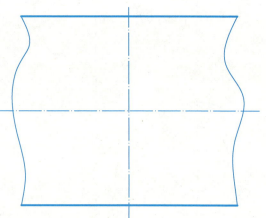
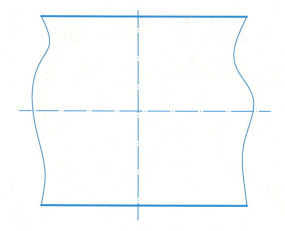

第7章 标准件和常用件（四）

7-8 齿轮和轴用A型圆头普通平键连接，孔直径为40mm，键的长度40mm。
（1）写出键的规定标记；
（2）查表确定键和键槽的尺寸，用1:2画全下列各图，并标注键槽的尺寸。

键的规定标记：

轴　　　　　　　　　　　　齿轮

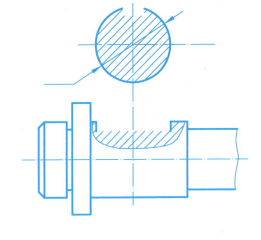
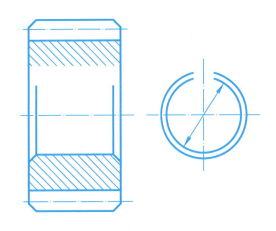

齿轮和轴

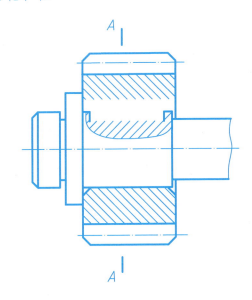

7-9 完成圆柱销的连接图。
圆柱销的标记为：销 GB/T 119.2 10×50

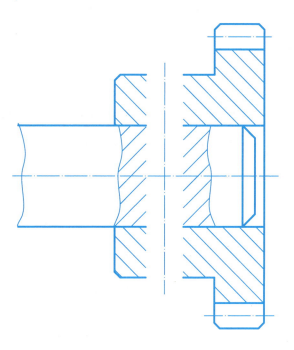

7-10 用1:1的比例画出圆柱螺旋压缩弹簧的剖视图，并标注尺寸。已知弹簧丝直径$d=8$mm，弹簧外径$D=50$mm，节距$t=12$mm，有效圈数$n=8$，总圈数$n_1=10.5$，右旋。

第7章 标准件和常用件（五）

7-11 已知直齿圆柱齿轮 $m=5$，齿数 $z=40$，计算该齿轮的分度圆、齿顶圆和齿根圆的直径。按1:2的比例补全下面两视图，并标注上述计算尺寸和图中所缺的尺寸（按1:2量取，取整数）。

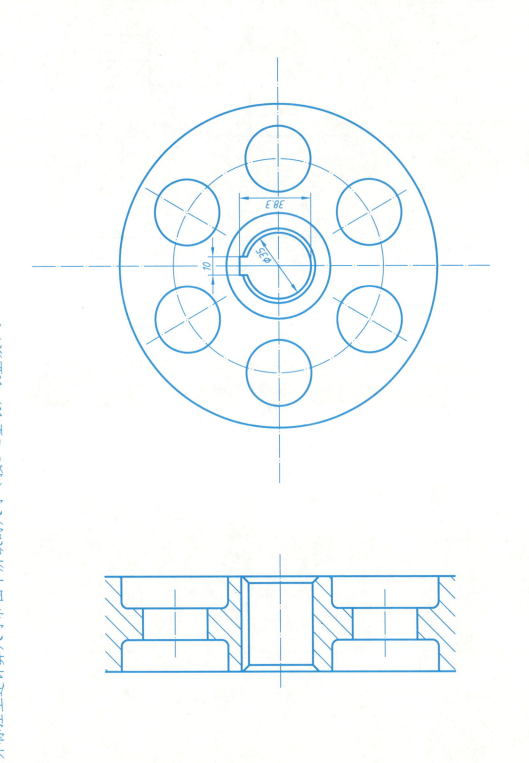

7-12 已知大齿轮的模数 $m=4$，齿数 $z_2=38$，两齿轮的中心距 $a=116$mm，试计算大小两齿轮的分度圆、齿顶圆及齿根圆直径，并用1:2的比例画出两直齿圆柱齿轮的啮合图。

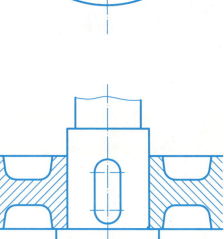

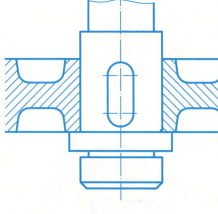

计算
1. 小齿轮
  分度圆 $d_1=$
  齿顶圆 $d_{a1}=$
  齿根圆 $d_{f1}=$
2. 大齿轮
  分度圆 $d_2=$
  齿顶圆 $d_{a2}=$
  齿根圆 $d_{f2}=$
3. 传动比
  $i=$

第8章 零件图（一）

8-1 根据图中给出的粗糙度代号，试说明这些代号的含义。

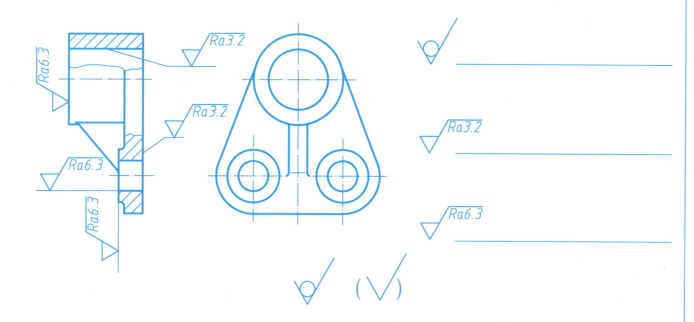

8-2 根据配合代号，在零件图上分别标注出轴和孔的极限偏差值。

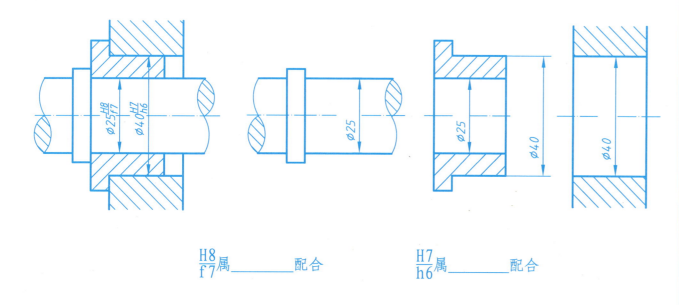

$\dfrac{H8}{f7}$ 属 _____ 配合 $\dfrac{H7}{h6}$ 属 _____ 配合

8-3 下列图中轴与孔的配合为基孔制，过渡配合，孔的公差等级为IT7级，轴的公差等级为IT6级，轴的基本偏差为k。试将其配合代号标注在装配图中；并在零件图中分别标注出孔与轴的公差带代号及其极限偏差数值（查表）；在指定位置绘制出公差带图。

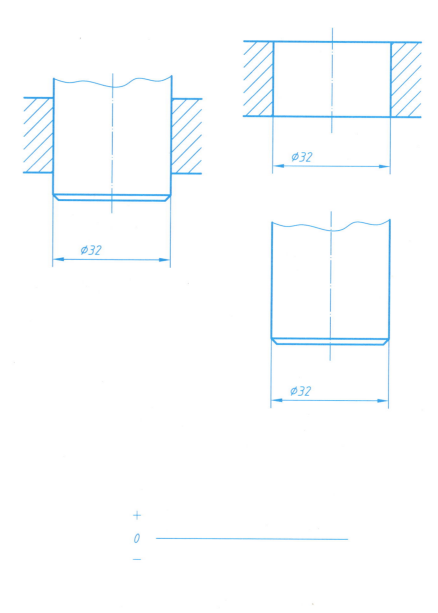

公差带图

第8章 零件图（二）

8-4 读轴零件图，并回答问题。

1. 该零件属于_____类零件，所用材料为_____。

2. 指出各视图的名称，并说明为什么采用这些视图来表达？

3. 标出主要基准，并指出哪些尺寸是定位尺寸。

4. 说明图中公差带代号的含义。

5. 键槽两侧面的 Ra 为____μm，$\phi 17h6$ 圆柱面的 Ra 为____μm，轴左右端面的 Ra 为____μm。

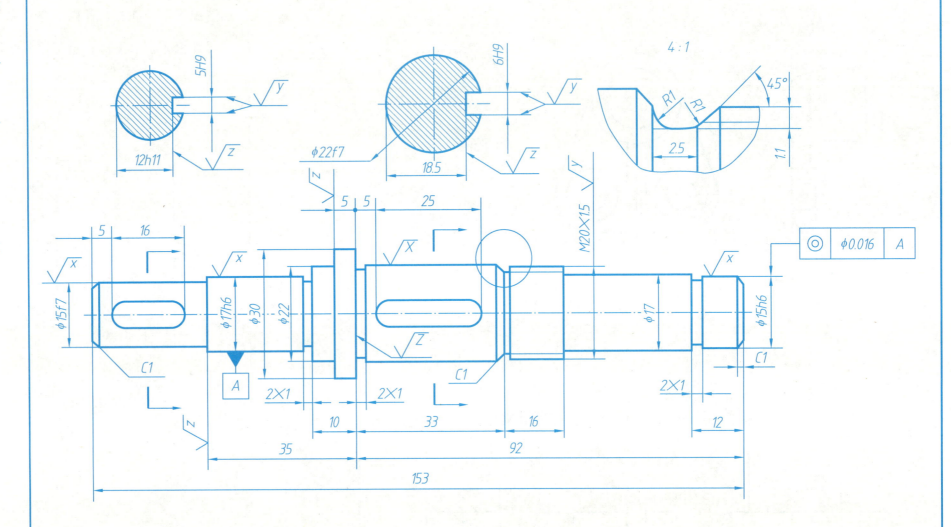

技术要求
零件需进行调质处理。

轴　　LJ01
比例 45

第8章 零件图（三）

8-5 读懂壳体零件图，并回答问题。

1. 该零件属于_____类零件，所用材料为_____。
2. 零件图都采用了哪些表达方法？
3. 直径为 $\phi 36$ 的孔的定位尺寸为_____。
4. 零件表面粗糙度的要求有_____。
5. $\phi 62H8$ 孔的最大极限尺寸是____，最小极限尺寸是____。当该孔的实际尺寸是 $\phi 62.05$ 时，该零件是否合格？
6. 标在右端面上的形位公差表示的被测要素是_____，基准要素是____，公差值是____。

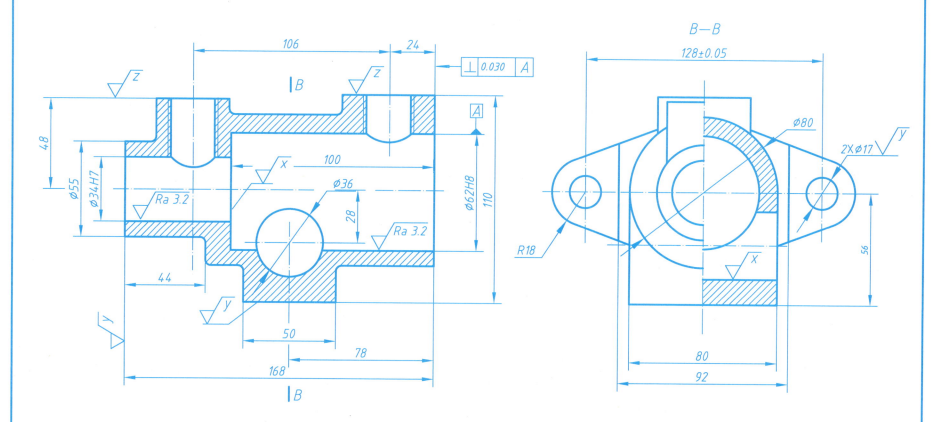

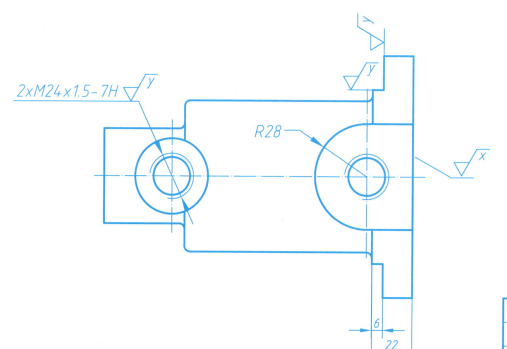

技术要求

1. 铸件必须经时效处理，不得有气孔、砂眼、裂纹等。
2. 未注圆角R3。

设计		壳 体		LJ02
制图				
描图		比例	1:2 数量	共 张 第 张
审核		HT200		

第8章 零件图（四）

8-6 根据给出的零件轴测图，绘制零件草图或工作图（按1:1比例，A3图幅，图号LJ03、LJ04）。

第8章 零件图（五）

8-7 根据给出的零件轴测图，绘制零件草图或工作图（按1∶1比例，A3图幅，图号LJ05、LJ06）。

零件1：支座（前后、左右对称）
材料：HT150

零件2：阀体
材料：HT150

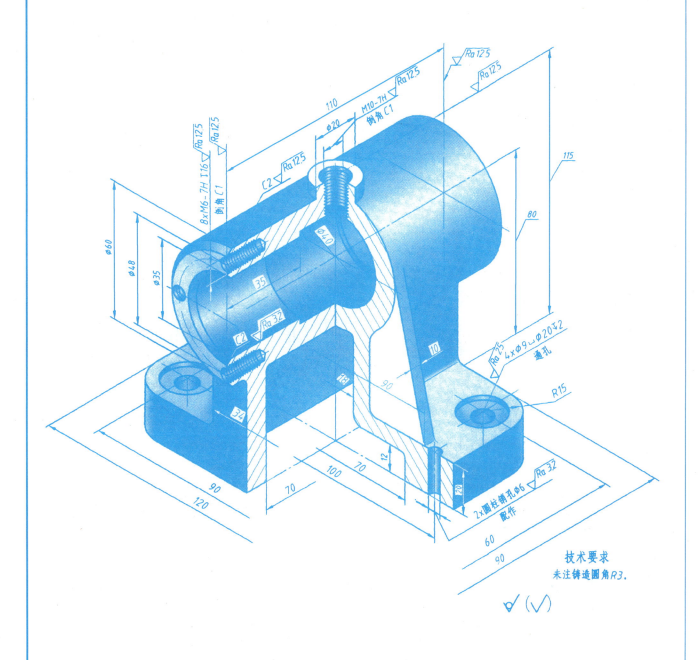

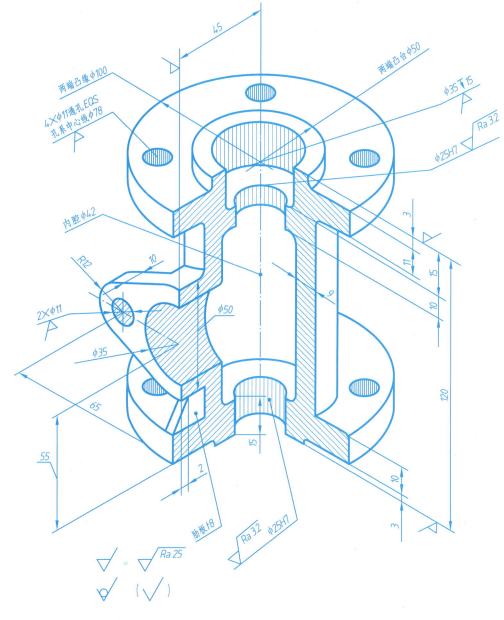

第9章 装配图（一） 42

9-1 由零件图拼画装配图——千斤顶

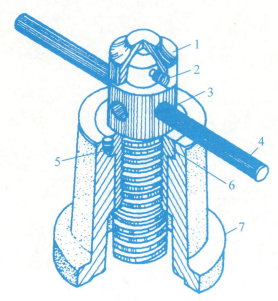

附：千斤顶工作原理

千斤顶是利用螺旋传动来顶举重物，是汽车修理和机械安装中一种常见的起重工具。工作时，绞杠穿在螺旋杆顶部的圆孔中。旋转绞杠，螺旋杆在螺套中靠螺纹作上下移动。顶垫上的重物靠螺旋杆的上升而顶起。

螺套嵌压在底座中，并用螺纹固定，磨损后便于更换、修配。

螺旋杆的球面形顶部套上顶垫，靠螺钉与螺旋杆连接而不固定，以防止顶垫随螺旋杆一起旋转而脱落。

序号	名称	数量	材料	备注
1	顶垫	1	Q275	
2	螺钉 M8×12	1	Q235	GB/T 75-1985
3	螺旋杆	1	Q255	
4	绞杠	1	Q215	
5	螺钉 M8×12	1	Q235	GB/T 73-1985
6	螺套	1	QA19-4	
7	底座	1	HT200	

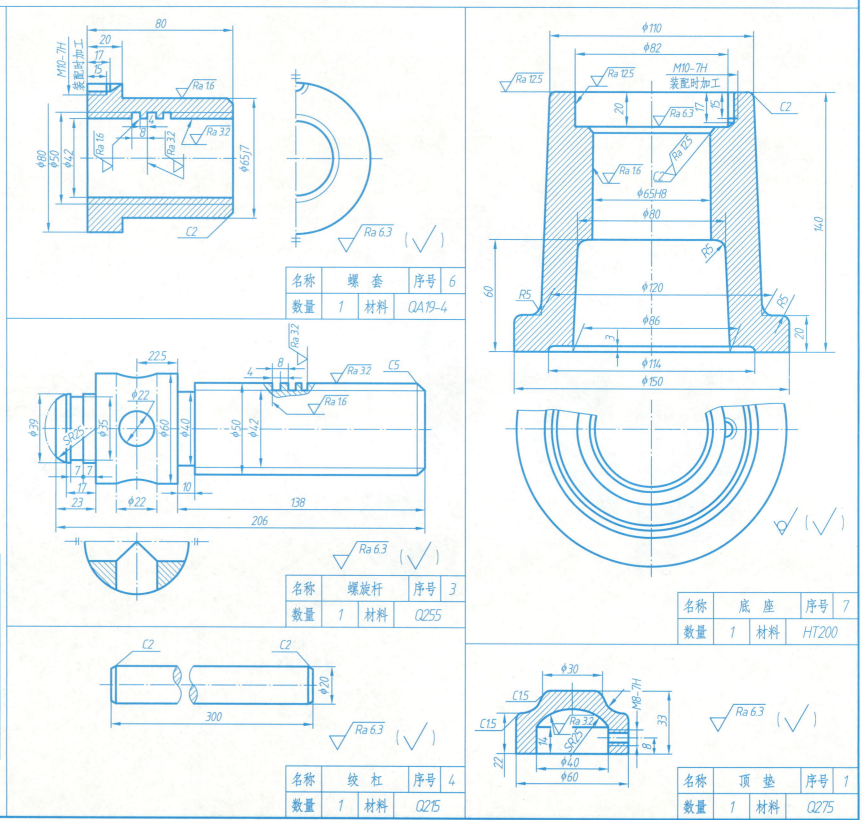

第9章 装配图（二） 43

9-2 由装配图拆画零件图

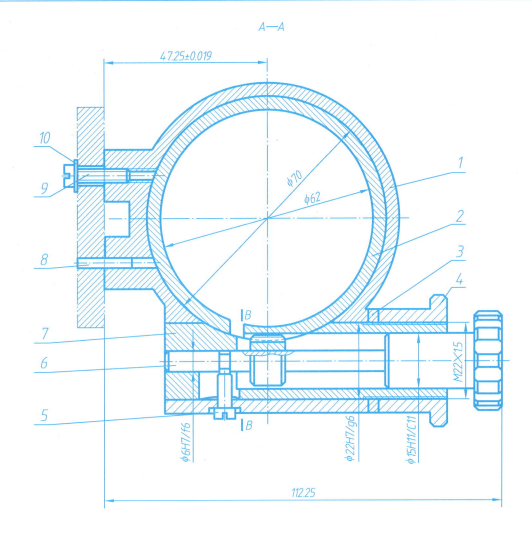

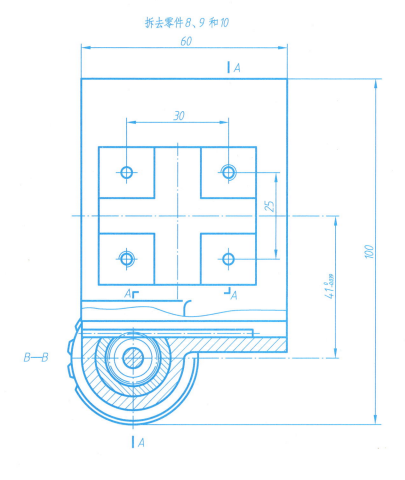

工作原理

镜头架为调整镜头焦距的部件，是齿轮、齿条传动机构。

架体1上的大孔 $\phi70$ 内装有内衬圈2，下部的小孔 $\phi22H7/g6$ 内装有锁紧套7和调节齿轮6，调节齿轮支承在锁紧套上，并靠固定螺钉M3×12轴向定位。为了防止内衬圈2在放映过程中发生位移，可旋紧螺母4，将锁紧套拉向右边，该零件上的圆弧面就迫使内衬圈收缩变形，从而锁紧镜头。

旋转调节齿轮6，则装有镜头的衬圈被带动前后移动，从而逐渐把银幕上的图像调整清晰。

10	垫圈	2	Q235	GB97.1-2002
9	螺钉M4×16	2	Q235	GB/T67-2000
8	销	2	45	GB/T119.2-2000
7	锁紧套	1	2A12	
6	调节齿轮	1	组合件	m=0.6, z=22
5	螺钉M3×12	1	Q235	
4	锁紧螺母	1	2A12	
3	垫圈	1	Q235	
2	内衬圈	1	ZAlSi12	GB/T75-1985
1	架体	1	ZAlSi12	
序号	名称	数量	材料	备注

镜头架

10-1 读右侧总平面图，填空、回答问题。

(1) 建筑总平面图是关于新建房屋在基地范围内的水平投影图，它表明了________________________________。

(2) 本图采用_____的比例，图中带指北方向的符号称为________，粗实线线框表示______房屋，虚线线框表示____房屋。

(3) 图中新建房屋的定位是以______为依据，尺寸是以_______为单位。图中所注的室内、外标高是_______标高，室内外高差为_____m。

(4) 新建房屋是________层建筑，新建筑的____边有池塘，_____边有一护坡，护坡中间有一______，以作上下交通之用，东南角带×的细实线线框表示_____的房屋，______角有一围墙；新建房屋的____向有两个篮球场。

(5) 从图中注写的等高线标高，可知该地区的地势为由______角坡向______。

xxx设计院		xxx学校学生宿舍		
审核		总平面图 1:500	图别	建施
设计			图号	01
制图			日期	

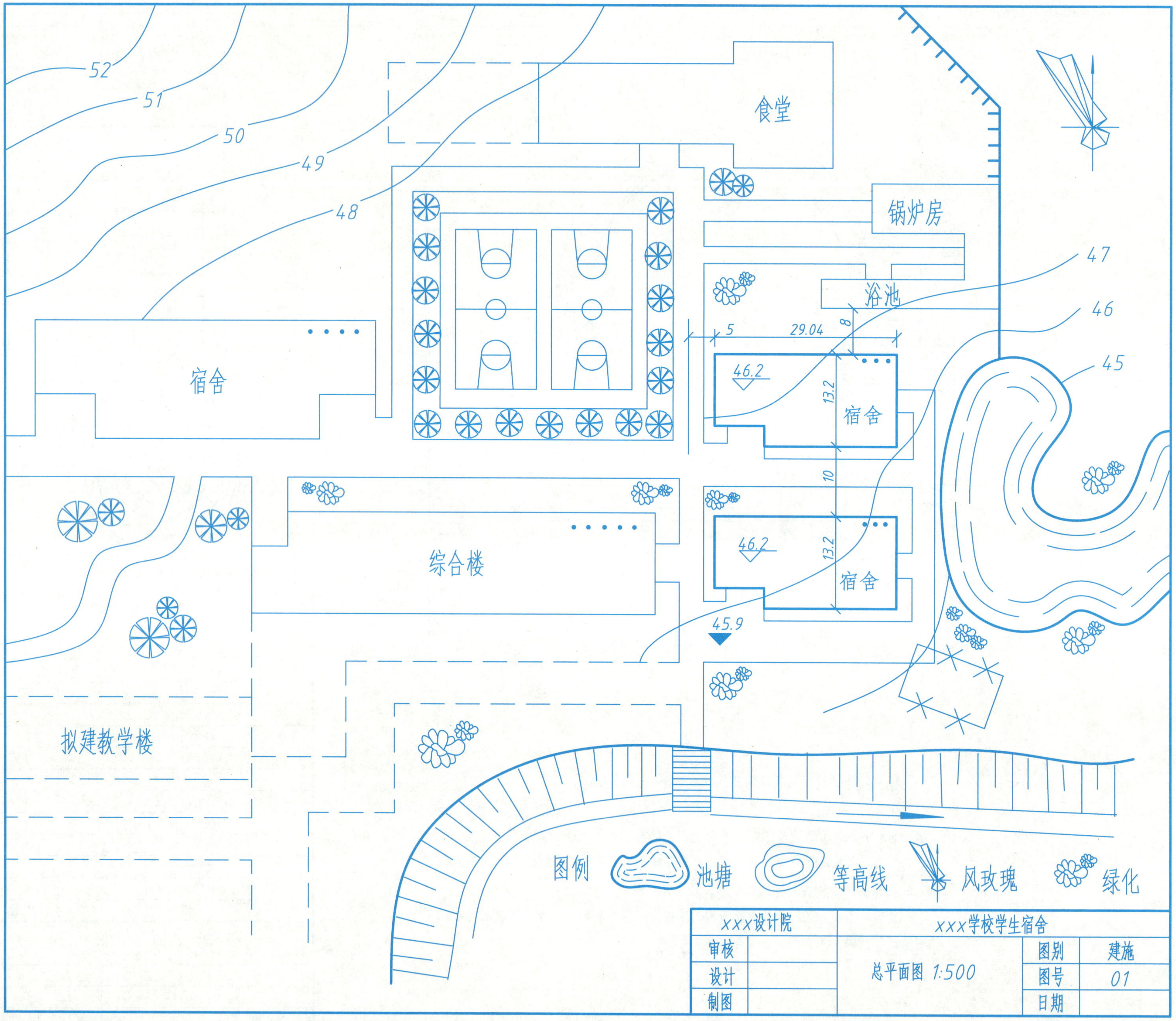

第10章 建筑工程图基础（二）：读建筑平面图

10-2 完成右侧给出的部分建筑平面图，并填空、回答问题。

(1) 建筑平面图是用_____剖切平面，在房屋的_____上方剖开整幢房屋，移去剖切平面上方部分后的_____，它反映了建筑物_____等情况。

(2) 建筑平面图一般采用_____的比例。

(3) 建筑平面图中标高尺寸以_____为单位，其他的尺寸均以_____为单位。

(4) 根据《房屋建筑制图统一标准》规定的平面图上轴线的编号方法填写轴线编号。

(5) 住宅的总长是____mm，总宽是____mm，有横向定位轴线____条，纵向定位轴线____条。

(6) 对门、窗进行编号并标注尺寸。已知：入室门宽1300mm、入户门宽1000mm、居室门宽900mm、卫生间门宽700mm、门垛距轴线120mm。

(7) 室内外高差600mm，卫生间、厨房比同层地面低20mm，在图中标注室内外、卫生间、底层地面标高。

(8) 此单元住宅户型为____梯____户，左边住户____居室、____厅、____厨房、____卫生间；右边住户____居室。

(9) 参照教材中规定的图例符号填画卫生间、厨房设备。

(10) 画出第47页1—1剖面图的剖切位置符号。

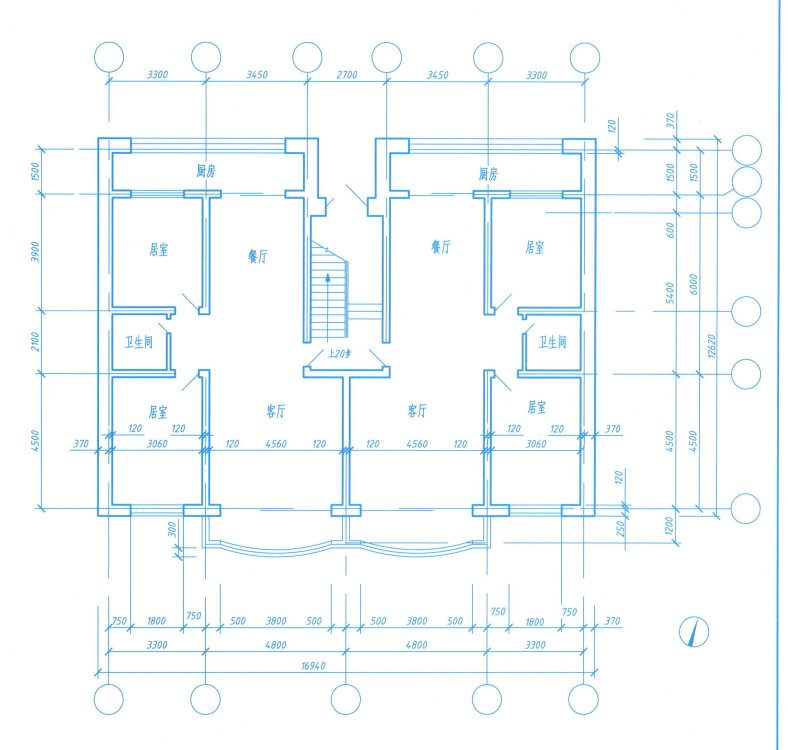

底层住宅平面图 1:100

第10章 建筑工程图基础（三）：读建筑立面图

10-3 根据第45页平面图完成右侧给出的部分建筑立面图，并填空、回答问题。

(1) 建筑立面图是_____图，它主要用来表示_____及各部位的标高和必要的尺寸。建筑立面图在施工图中主要用于_____。

(2) 按建筑立面图中各种图线的线宽要求，填写：立面图外轮廓线画_____，室外地坪线画_____，凸出的墙面、屋檐、台阶、阳台、门窗洞等轮廓线画_____，其余如门窗图例、墙面引条线、阳台的栏杆、装饰材料、水斗及雨水管、定位轴线圆圈、标高符号、说明引出线等画_____。

(3) 根据平面图及立面图示内容填写轴线编号。

(4) 在立面图上标注出标高尺寸。已知：室内地面标高±0.000，室内外高差600mm；层高2.800m；窗台高900mm；窗高1500mm；阳台板挑出宽100mm；女儿墙高400mm。

(5) 在立面图中画出同类窗中的一处符号和开启方向（窗的构造形式自定）。

(6) 在立面图中用文字说明外墙面的装修做法。已知：外部墙面贴粉色外墙砖；阳台贴绿色墙砖；阳台挑檐贴白色墙砖。

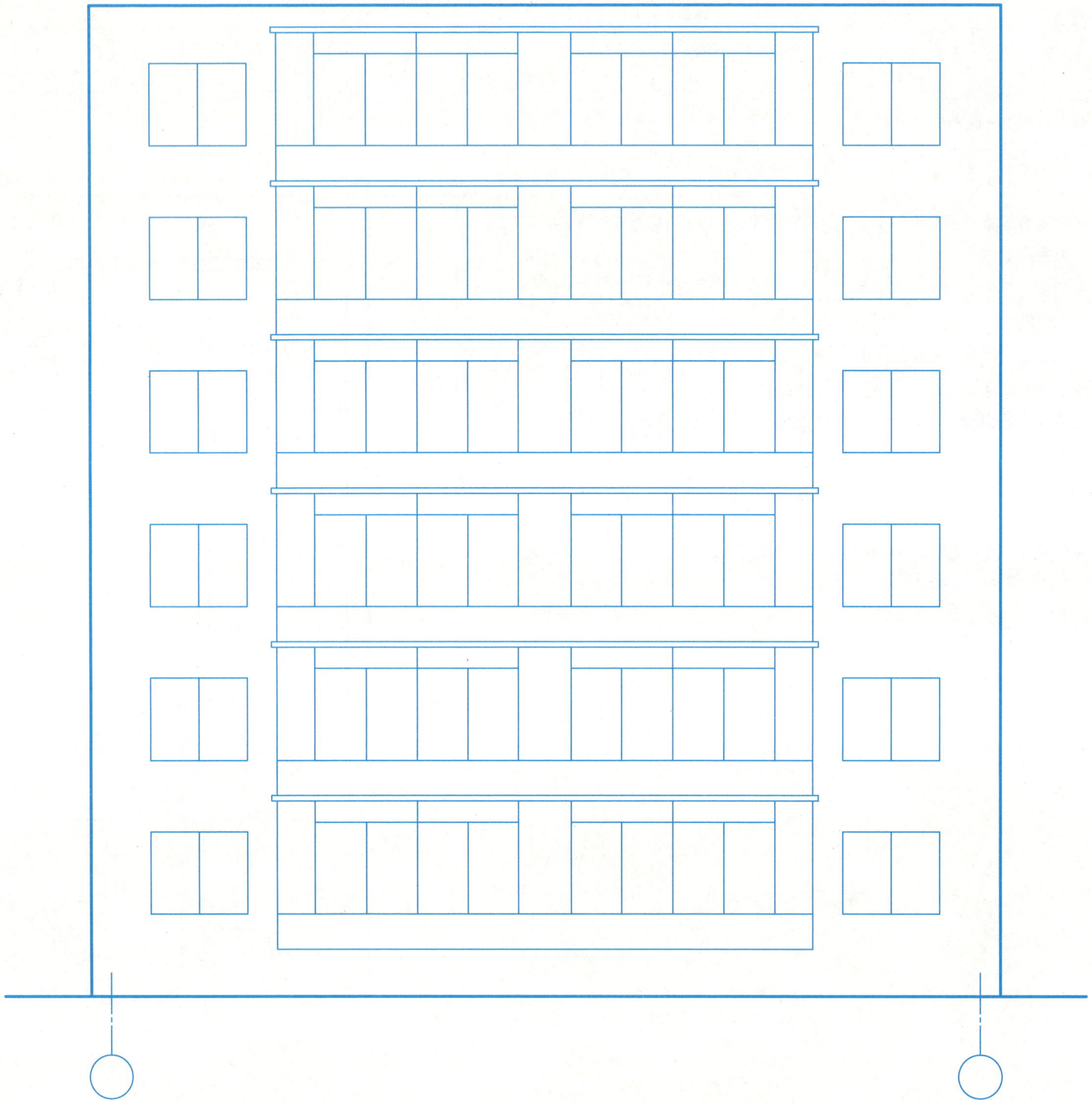

①~⑦立面图 1:100

第10章 建筑工程图基础（四）：读建筑剖面图

10-4 根据45、46页平面图、立面图完成右侧给出的部分建筑剖面图，并填空、回答问题。

(1) 建筑剖面图是房屋的＿＿＿＿＿＿＿＿＿＿图，它主要用于反映＿＿＿＿＿＿＿＿＿＿＿＿＿＿＿＿＿＿＿＿＿＿＿＿＿等情况。剖面图的剖切位置应该选择在＿＿＿＿＿＿＿＿＿＿＿＿＿＿＿＿＿＿＿＿＿＿＿＿＿部位，并在＿＿＿层平面图中标绘剖面图的剖切位置符号和剖面图的编号。

(2) 建筑剖面图的比例宜采用＿＿＿＿＿＿＿＿＿＿，通常与建筑平面图相同；当剖面图比较复杂时，可以采用＿＿＿＿＿比例来绘制。

(3) 参照平面图，标注出轴线间的尺寸。

(4) 标注标高尺寸和高度尺寸。已知室外标高-0.600m；室内地面标高±0.000m；层高2.800m；室内门高2000mm；门洞高2400mm；女儿墙高400mm。

(5) 图中涂黑部分表示＿＿＿＿材料，表示的构件为＿＿＿＿、＿＿＿＿。

(6) 图中所画的门为＿＿＿＿侧住房的＿＿＿＿门。

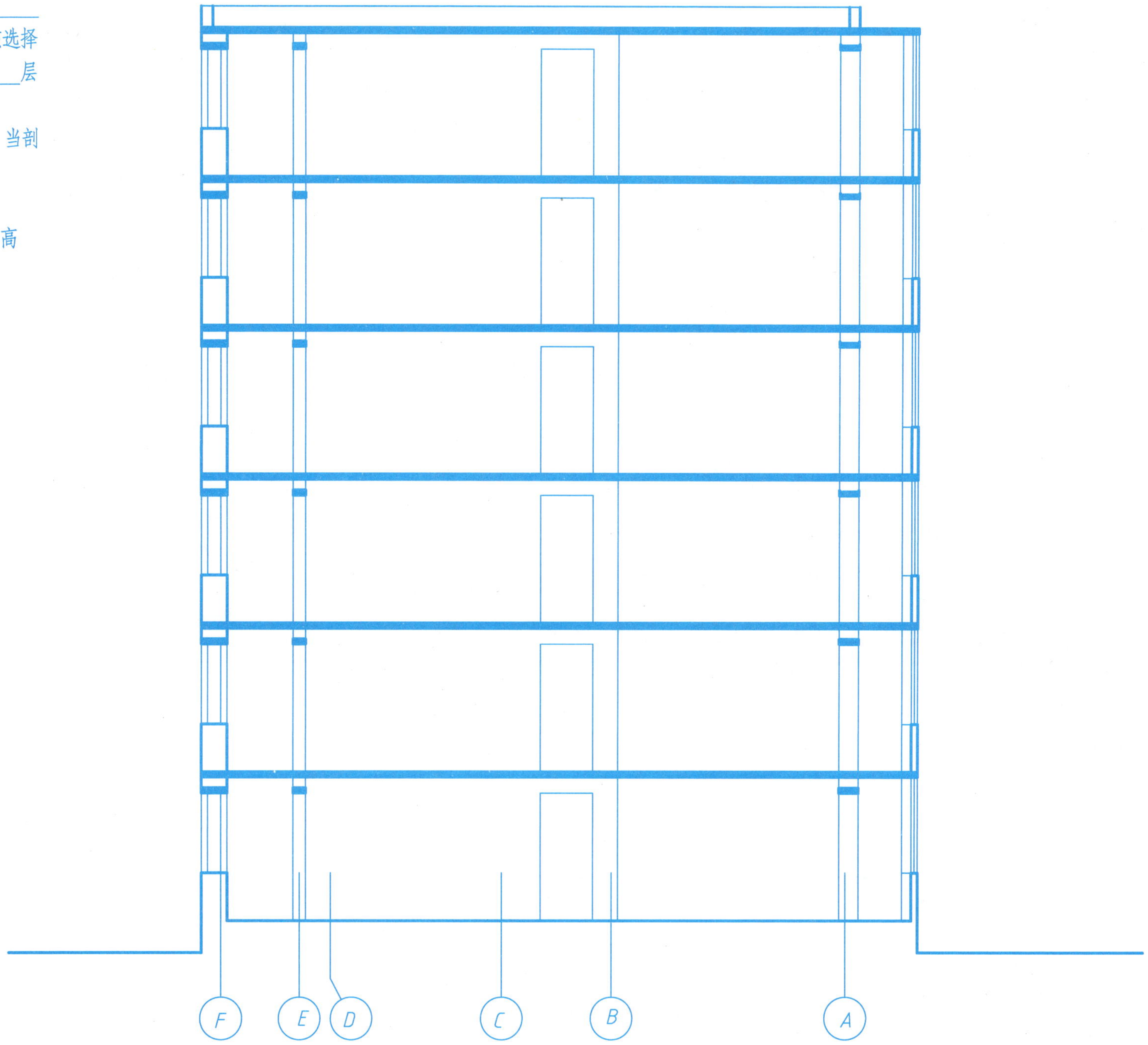

1-1剖面图 1:100

| 第10章 建筑工程图基础（五）：绘制建筑图 | 班级 | 姓名 | 审核 | 48 |

10-5 根据本页和49页给出的收发室平面图、南立面图、东立面图和详图，在A2幅面的图纸上，用1:50的比例抄绘平面图、南立面图和东立面图，并补绘1—1剖面图。

1. 图名：收发室平、立、剖面图。
2. 目的：（1）熟悉建筑施工图的表达内容和图示方法；
   （2）掌握绘制建筑施工图的步骤和方法。
3. 要求：（1）在读懂建筑平面图、南立面图、东立面图和详图的全部内容后，首先绘制1—1剖面图草图，检查无误后，方可开始在图纸上抄绘；
   （2）应按教材中所述的绘制建筑平面图、立面图和剖面图的步骤进行绘制；
   （3）绘图时，要严格遵守建筑制图标准的各项规定。
4. 说明：（1）建议图线的基本线宽（即粗实线的线宽）b用0.7mm，其余各类线型的线宽应符合线宽的规定比例。同类图线，同样粗细；不同图线应粗细分明。
   （2）汉字应书写长仿宋体字，字母、数字用标准字体书写。建议各图名称字高用7mm；定位轴线编号的数字、字母的字高用5mm；尺寸数字和门、窗型号字高用3.5mm。

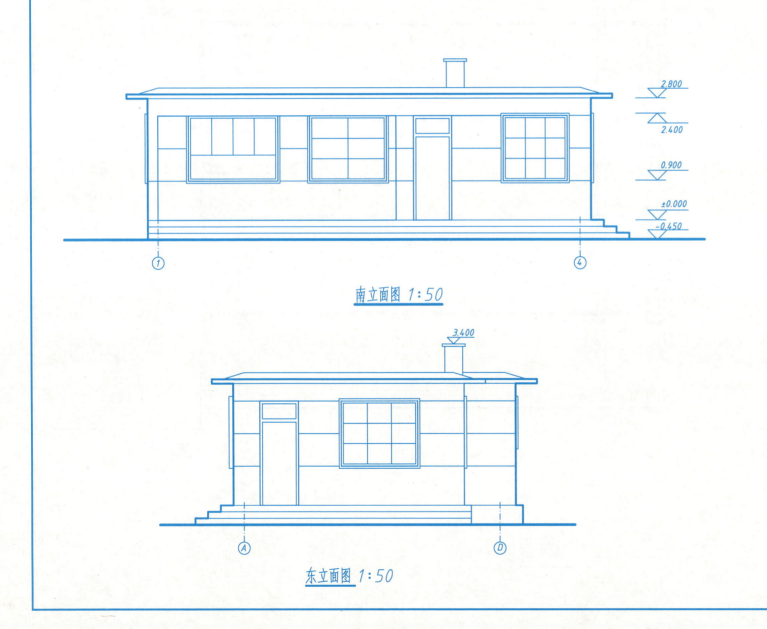

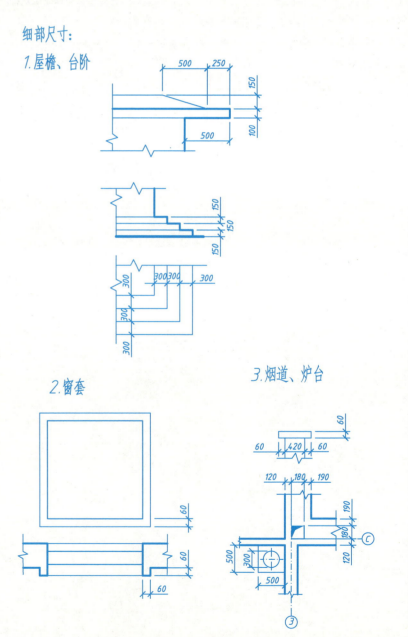

细部尺寸：
1. 屋檐、台阶
2. 窗套
3. 烟道、炉台

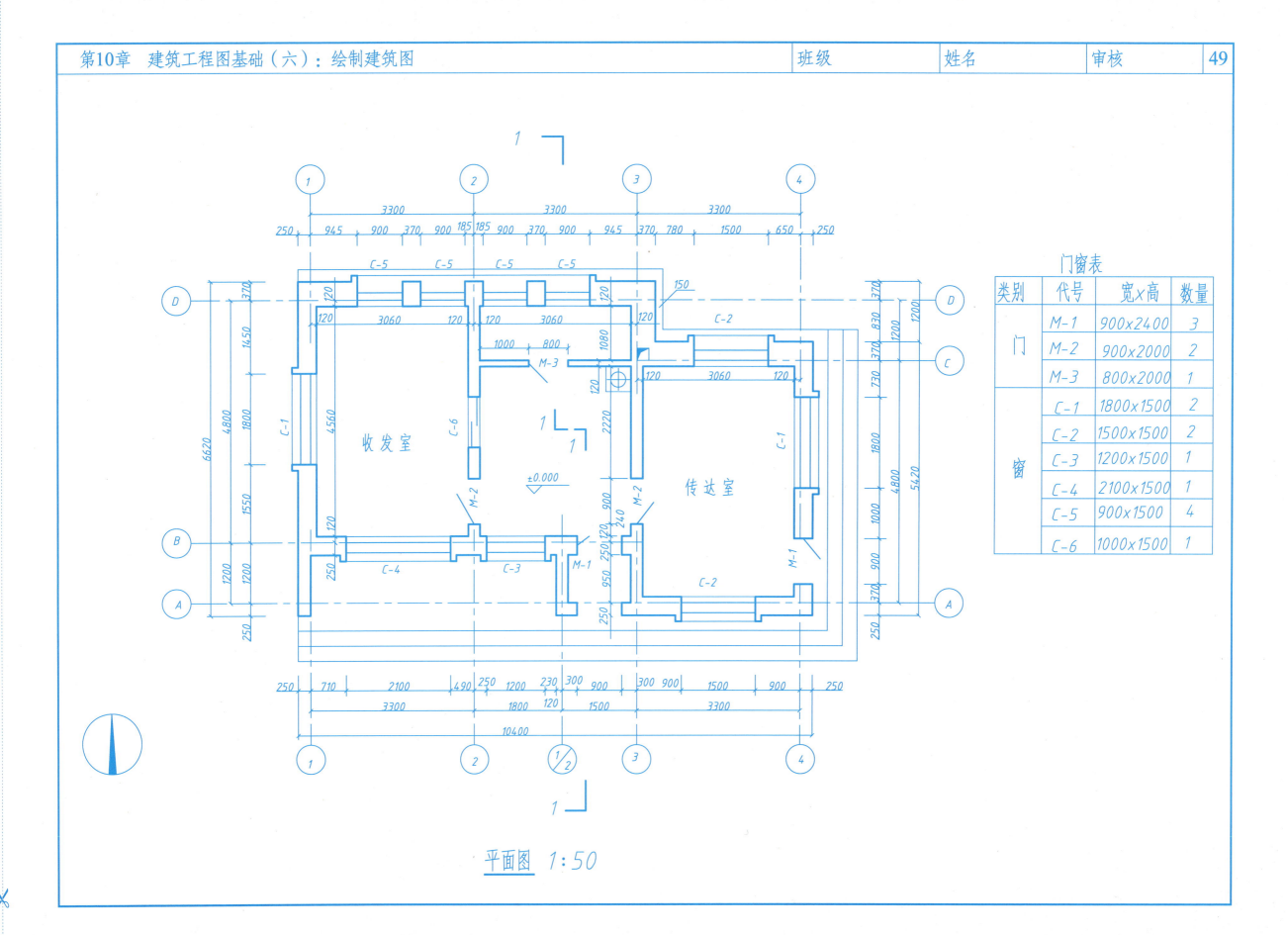

第10章 建筑工程图基础（七）：钢筋混凝土构件详图

(1) 配置在钢筋混凝土构件中的钢筋，按其所起的作用可分为_____、_____、_____、_____。
(2) 绘制和阅读钢筋混凝土构件详图时，应遵守《_____》GB/T 50105—2001的规定。结构构件可用代号标注，梁的代号是_____；板的代号是_____；柱的代号是_____；楼梯梁的代号是_____。
(3) 为了便于明显地表示钢筋混凝土构件中的钢筋配置情况，在构件详图中，假想混凝土为透明体，用_____实线画出外形轮廓线；用_____实线画出钢筋。在图中还应标注出钢筋的_____、_____、_____和_____。
(4) 在钢结构中，最常用的型钢有等边角钢、不等边角钢、工字钢、槽钢和扁钢等，它们的截面符号分别顺次为_____、_____、_____、_____、_____。
(5) 核对钢筋编号并标注钢筋直径、根数、间距。受力筋φ18；弯筋φ16；架立筋φ10；箍筋φ6@200。
(6) 填写钢筋表中所缺少的内容。

钢筋表

序号	简　　图	直径	单根长/mm	根数	总长/m
1					
2					
3					
4					

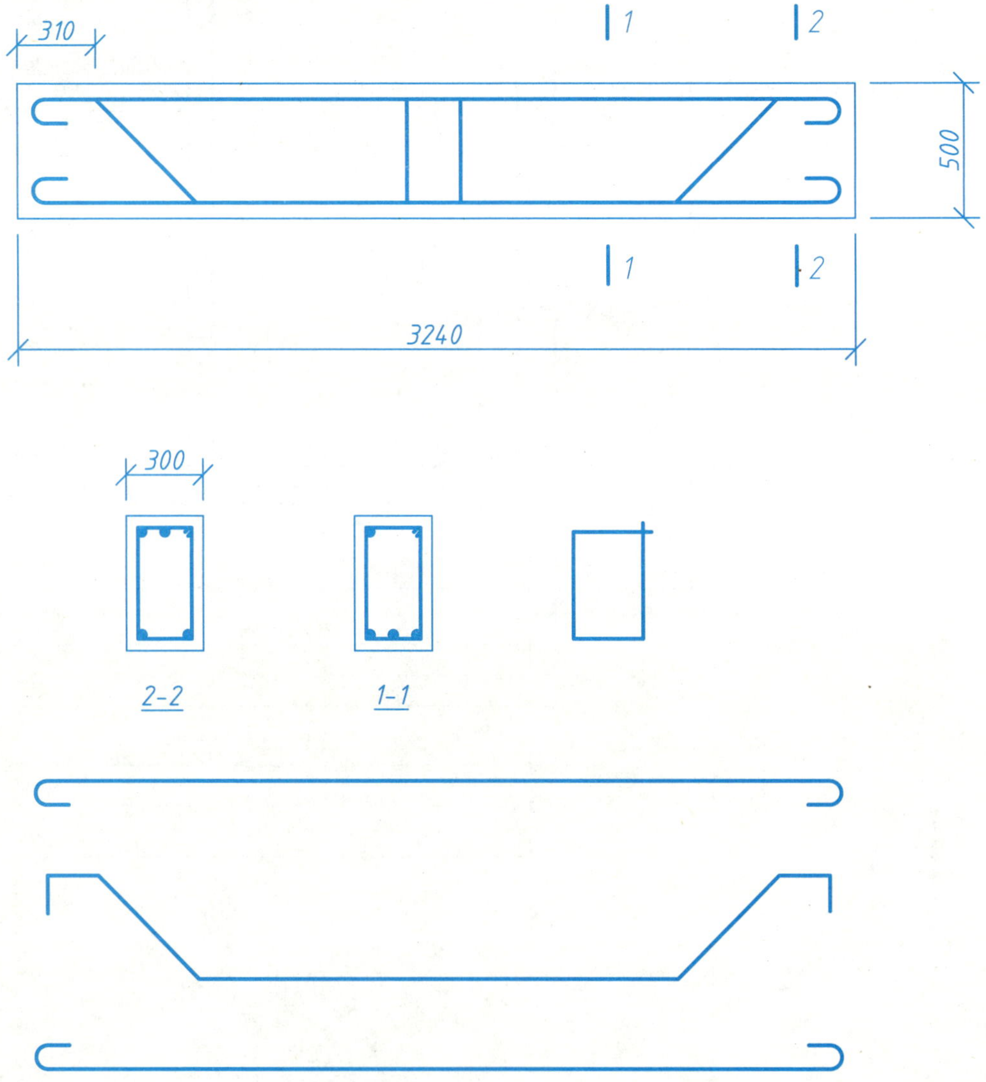

L-1配筋图 1:15

第10章 建筑工程图基础（八）：基础平面图 | 班级 | 姓名 | 审核 | 51

1. 补画基础平面图（图中虚线表示地沟）
(1) 加绘基础并标注尺寸。
   490mm外墙基础675+425；
   370mm外墙基础515+385；
   内墙基础400+400。
(2) 标注断面位置并编号。
(3) 补全外部、内部尺寸。
2. 绘制基础平面图。
(1) 图幅：A3。
(2) 绘制比例：1:100。
(3) 有关图线要求见教材。

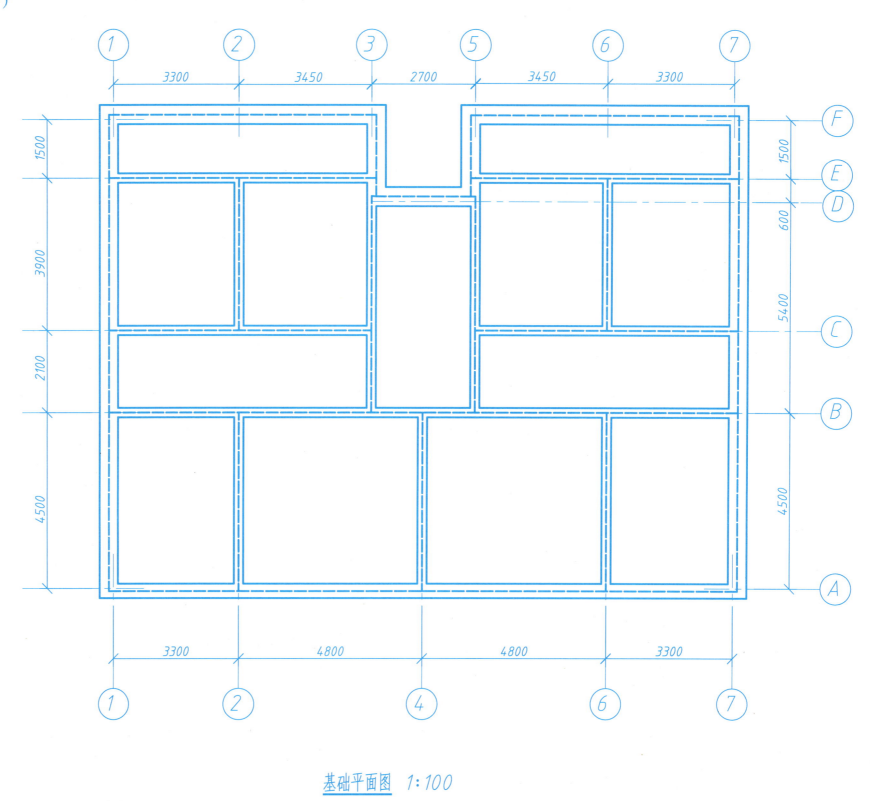

基础平面图 1:100

第10章 建筑工程图基础（九）：基础详图

1. 读懂1—1、2—2详图，填空，回答问题。
   (1) 图中基础的埋置深度为_____，尺寸单位是_____。
   (2) 图中1—1基础宽为_____，采用_____砌筑；基础上设有_____梁，梁高为_____mm，宽为_____mm；梁中配有_____钢筋和_____箍筋。
   (3) 图中2—2基础宽为_____mm，为带_____基础。放大脚高为_____mm，宽为_____mm。

2. 在A3图幅上，用1:20比例抄绘1—1、2—2基础详图。

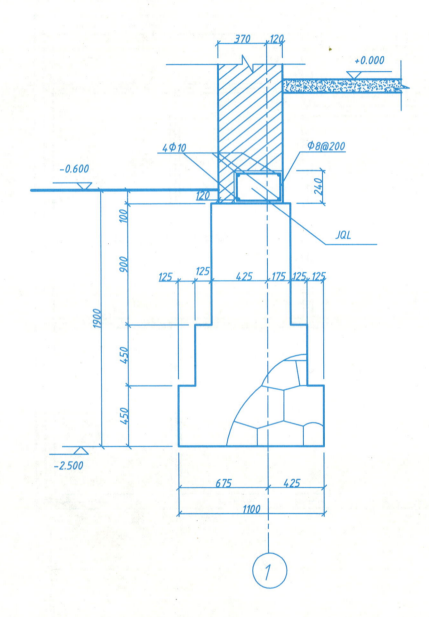

1—1详图 1:20

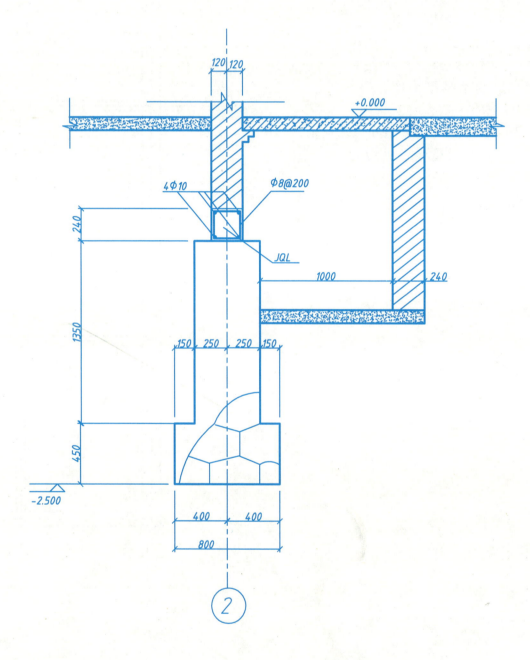

2—2详图 1:20